环境设计识图与制图

HUANJING SHEJI SHITU YU ZHITU

马磊　杨杰　汪月　杨瀛　编著

课书房
新/形/态/教材

高等院校设计类专业新形态系列教材
GAODENG YUANXIAO SHEJILEI ZHUANYE
XINXINGTAI XILIE JIAOCAI

重庆大学出版社

图书在版编目（CIP）数据

环境设计识图与制图 / 马磊 等编著. --重庆：重庆
大学出版社，2021.6（2023.9重印）
高等院校设计类专业新形态系列教材
ISBN 978-7-5689-2685-0

Ⅰ.①环… Ⅱ.①马… Ⅲ.环境设计—建筑制图—
高等学校—教材 Ⅳ.①TU204.21

中国版本图书馆CIP数据核字（2021）第083062号

高等院校设计类专业新形态系列教材
环境设计识图与制图
HUANJING SHEJI SHITU YU ZHITU

马磊 杨杰 汪月 杨瀛 编著
策划编辑：周 晓 席远航 寒 佳
责任编辑：周 晓 装帧设计：张 毅
责任校对：万清菊 责任印制：赵 晟

···

重庆大学出版社出版发行
出版人：陈晓阳
社 址：重庆市沙坪坝区大学城西路21号
邮 编：401331
电 话：（023）88617190 88617185（中小学）
传 真：（023）88617186 88617166
网 址：http://www.cqup.com.cn
邮 箱：fxk@cqup.com.cn（营销中心）
全国新华书店经销
重庆长虹印务有限公司印刷

···

开本：787mm×1092mm 1/16 印张：12 字数：230千
2021年6月第1版 2023年9月第3次印刷
ISBN 978-7-5689-2685-0 定价：48.00元

···

一 前言
FOREWORD

环境设计是建立在现代环境科学研究基础上的一门综合性学科，跨越艺术与科学两大领域。环境设计研究的范围很广，其中涉及工程技术方面的内容更为具体。任何环境设计都要依托于设计师的设计思路和理念，并借助于专业图纸的表现。因此，环境设计中专业图纸是设计师与业主、施工方之间沟通交流的重要媒介。

在环境设计专业的学习中，图纸表现是最基本的专业技能。看懂图是画好图的前提，识图与制图是制图基础课程中最主要的学习内容。本书编写组在长期的课程教学中，不断地探索和实践，尤其是在现代信息技术的驱动下，将识图与制图中较为抽象的知识难点，通过虚拟现实和动画技术进行可视化、动态化的表现，使现代信息化教学环境的构建与传统课堂教学相结合，更好地帮助学生对三视图、剖面图的形成，建筑空间的构成，以及建筑平面图、剖面图、室内平面图、立面图、详图等图纸的识图与制图过程进行可视化的理解，使环境设计制图课程的教学更为直接有效。

使用本书对相关的知识难点进行学习时，可使用手机扫描教材封底的二维码，下载安装与教材配套的AR学习平台APP，便可在手机上自主学习动态化的知识点等内容，以辅助教师对课程难点的讲解。

为了便于学生制图，本书对图纸进行了比例调整，书中所有套用图框的案例，建议使用A2号图纸进行绘制。同时，本书也提供上述图纸的DWG格式文件，便于学生在识图与制图中的学习。

由于我们的水平有限，本书中难免仍有疏漏和不足，恳请使用本书的教师和学生批评指正。

编著者
2021年1月于昆承湖畔

目录
CONTENTS

AR APP 使用说明

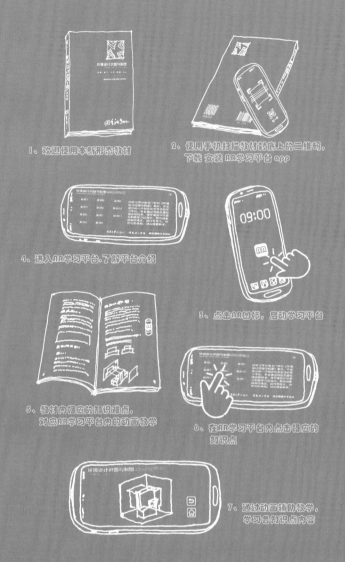

1、欢迎使用本新形态教材

2、使用手机扫描教材封底上的二维码，下载 安装 AR学习平台 app

4、进入AR学习平台,了解平台介绍

3、点击AR图标，启动学习平台

5、教材内相应的知识难点，对应AR学习平台内的动画教学

6、在AR学习平台内点击相应的知识点

7、通过动画辅助教学，学习各知识点内容

　　AR学习平台是专门针对《环境设计识图与制图》教材，开发设计的一个动态化交互式的学习平台，平台通过动画及虚拟现实等技术，将学习过程中较为抽象的知识难点，进行可视化、动态化的表现，帮助学生更好地学习和理解《环境设计识图与制图》的内容。

1
制图基础知识

1.1　制图工具及用法

"工欲善其事，必先利其器。"学习环境设计制图，首先要了解手工制图所用的工具都有哪些，其次还要掌握制图工具的用法和技巧。下面介绍在手工制图学习中要用到的制图工具和工具的基本使用方法。

1.1.1　图板及使用方法

图板是手工制图的操作台面，通常用木质胶合板制成，在制图中起到固定绘图纸和帮助丁字尺导边的作用。图板表面要求平整，边框平直。图板需妥善保存，防止变形破损而影响制图。

制图时，应用窄胶带斜45°将绘图纸的四个角固定在图板上，避免使用图钉或长尾夹，以免影响丁字尺和直尺在图板上的移动。

图板规格有0号、1号、2号、3号四种不同大小的规格，以配合不同大小的图纸。

表 1.1-1　图板规格、尺寸与适合图纸　　　　单位：mm

图板规格	0号	1号	2号	3号
图板尺寸	950×1 220	610×920	460×610	305×460
适合图纸型号	A0	A1	A2、A3	A3、A4

1.1.2　丁字尺及使用方法

丁字尺由互相垂直的尺头和尺身组成，又称T形尺。一般有600 mm、900 mm、1 200 mm 三种规格。丁字尺的作用是用来画水平线，或与三角板相互配合画各种角度的直线。丁字尺一般由有机塑料板制成，容易摔断、变形，使用后应垂直挂放。

使用丁字尺时，应将丁字尺放在图板左侧，尺头与图板左边紧贴，上下滑动丁字尺可绘制水平线。将丁字尺与三角板配合，可绘制垂直线。

1.1.3　三角板及使用方法

一副三角板由两块组成，分别是45°的等腰直角三角板与30°、60°的直角三角板。三角板可单独使用、组合使用，也可配合丁字尺来画竖线和多角度的斜线。

图1.1-1　图板

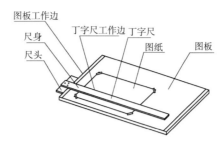

图1.1-2　图板上固定图纸的方法

图1.1-3　丁字尺

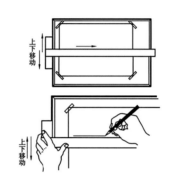

图1.1-4　丁字尺绘制水平线

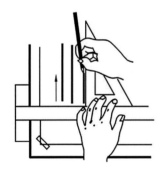

图1.1-5　丁字尺与三角板配合绘制
　　　　垂直线

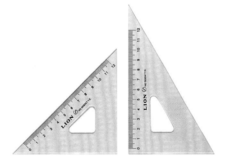

图1.1-6　三角板

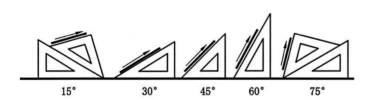

图1.1-7　三角板绘制角度线

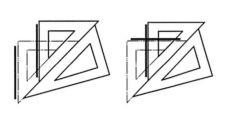

图1.1-8　三角板画水平线与垂直线

图1.1-9　圆规

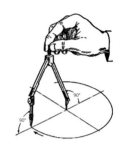

图 1.1-10　圆规画圆

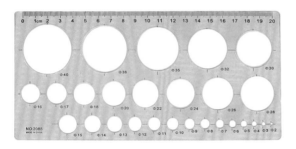

图1.1-11　画圆模板

图1.1-12　4B橡皮

图1.1-13　绘图铅笔

图1.1-14　擦图片

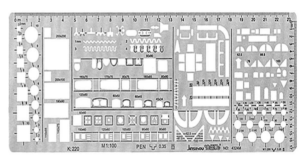

图1.1-15　建筑模板

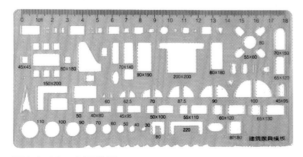

图1.1-16　家具模板

图1.1-17　比例尺

使用三角板制图时，要将三角板贴紧丁字尺的边，左手固定丁字尺与三角板，右手画线，可以画出成15°倍数的角度线。

1.1.4 圆规与画圆模板

圆规是用来画圆或弧线的绘图工具。画圆前，把钢芯放于圆心位置，顺时针画圆或圆弧。画直径较大的圆时，应接上延伸杆件，且圆规钢芯与铅芯都应与纸面垂直。

绘制直径较小的圆时很难用圆规完成，可使用画圆模板。画圆模板是一块带有各种尺寸直径的圆孔塑料板。使用画圆模板画圆时，首先选择直径适当的圆形，对好圆心的基准线，左手压紧画圆模板，右手绘图。绘制时，调整笔尖的角度，以确保铅笔贴合画圆模板的内壁。

1.1.5 铅笔及橡皮

制图用的铅笔是专门的绘图铅笔，铅芯按软硬程度分为不同型号。B型号表示铅芯为软型，从B到8B，数字越大铅芯越软越粗，颜色越黑。H型号表示铅芯为硬型，从H到6H，数字越大铅芯越硬，颜色越淡。HB则是中性铅芯，软硬适中。

制图时，常用H或2H铅笔绘制底图，用B或2B加深加粗图线，用HB进行文字或尺寸的标注。

橡皮的种类比较多，制图常用的橡皮为4B橡胶橡皮，柔软，不透明，能干净地擦掉铅笔印。

擦图片是在修改底图时，为了防止擦掉不应该擦掉的线条而使用的工具，一般由薄金属片或透明胶片制成。使用时，把要修改的图线放在擦图片的板孔内，左手按紧擦图片，右手擦掉孔内图线而不影响周围的线条。

1.1.6 制图模板

制图模板是用来画各种标准图例和制图符号的工具，通常有建筑模板、家具模板等。使用制图模板可大大提高绘图的效率。在使用制图模板时，首先要选择合适的比例，然后直接套用画图即可。制图模板的使用可以参照画圆模板的使用方法。

1.1.7 比例尺

制图中，要绘制的物体一般都比图纸大，在制图时通常都是按比例缩小绘制，为了制图转换比例方便，可以使用比例尺。

比例尺有三个棱边，故又称三棱尺。每个棱边正反标有两种不同的比例刻度，共计六种比例，比例尺上的数字是缩小后应画的长度，以米（m）为单位。

比例尺的使用方法简单方便，容易操作。例如，在1：100的制图比例中，要绘制一个长度为1 000 mm的线段，就直接在比例尺的1：100棱边上量取1 m的长度即可，因为1 000 mm就是1 m。

1.2 制图基本规范

在环境设计制图的学习与应用中，为了便于交流和提高制图的效率，国家对制图所涉及的图纸、图线、字体、标注等进行了统一的规定，并颁布了制图的规范和标准。在学习时，我们要严格遵守国家制图标准的有关规定。

1.2.1 图纸

一张标准的制图纸由图框线、标题栏和会签栏三个部分组成。

制图时，要根据绘图内容的大小和多少来选择不同大小的图纸。国家制图标准中，规定了五种不同大小的图纸规格，分别为A0、A1、A2、A3、A4，即0号图纸到4号图纸。A1是A0对折裁切，A2是A1对折裁切，A3是A2对折裁切，A4是A3对折裁切。

（1）图幅与图框

不同规格图纸的尺寸大小、装订边尺寸和非装订边尺寸见表1.2-1。

表 1.2-1　图纸的幅面尺寸　　　　　　　　　　单位：mm

尺寸代号　幅面代号	A0	A1	A2	A3	A4
$B \times L$	841×1 189	594×841	420×594	297×420	210×297
c	10			5	
a	25				

注：B—图纸的短边尺寸；
　　L—图纸的长边尺寸；
　　c—非装订边幅面线距图纸边缘尺寸；
　　a—装订边幅面线距图纸边缘尺寸。

同一个工程中使用的图纸的幅面应该统一。如果图纸幅面不够，可将图纸的长边加长，但短边不可加长，加长的尺寸应符合表1.2-2的规定。

表 1.2-2　加长图纸的尺寸　　　　　　　单位：mm

幅面代号	长边尺寸	长边加长尺寸
A0	1 189	1 486、1 635、1 783、1 932、2 080、2 230、2 378
A1	841	1 051、1 261、1 471、1 682、1 892、2 102
A2	594	743、891、1 041、1 189、1 338、1 486、1 635、1 783、1 932、2 080
A3	420	630、841、1 051、1 261、1 471、1 682、1 892

（2）标题栏

在图纸中，应标明图纸名称、绘图单位、图号、比例等内容，还要有制图人、审核人的签名与日期等。这些内容应在图纸的标题栏表格中列出。无论是横幅图纸还是竖幅图纸，标题栏的位置都应放在图纸的右下角。

（3）会签栏

会签栏是各工种负责人签字的表格，设置在图纸的左上角。

（4）图纸线型标准

图纸的图框线与标题栏线的线宽规定见表1.2-3。

表 1.2-3　图框线、标题栏线的线宽　　　　　单位：mm

幅面代号	图框线	标题栏线	
		外框线	分隔线
A0、A1	1.4	0.7	0.35
A2、A3、A4	1.0	0.7	0.35

1.2.2　图线的标准

制图中的图线用不同的线型和线宽来表示不同的图纸内容。图线的线型和线宽应清晰明确，主次分明。

（1）图线的种类及用途

制图中，常用的图线线型有实线、虚线、点画线、折断线及波浪线等。不同图线的线型、线宽及其用途见表1.2-4。

（2）线宽组的选择

线宽要根据图幅的大小和图样的复杂程度来定。一般来说，图幅较大或图样比较简单的图纸，应选择粗的线宽组；反之，则选择细的线宽组。同一张图纸中，比例相同的图样应采用一个线宽组。环境设计制图中，常用的线宽组为 $b=1.0$ mm。图线的线宽组见表1.2-5。

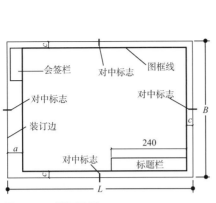

图1.2-1 横幅图纸

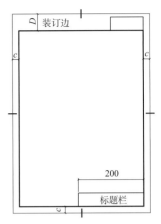

图1.2-2 竖幅图纸

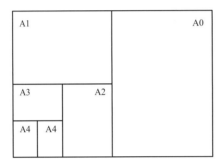

图1.2-3 图纸的对折关系

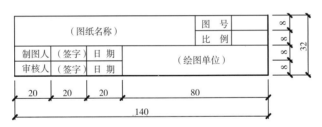

图1.2-4 标题栏

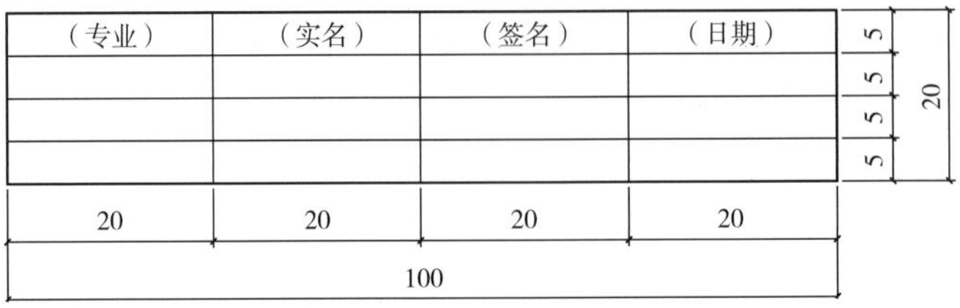

（专业）	（实名）	（签名）	（日期）	5	
				5	20
				5	
				5	
20	20	20	20		
		100			

图1.2-5 会签栏

表 1.2-4　图线线型、线宽及用途

名称		线型	线宽	用途
实线	粗		b	主要可见轮廓线；图控线；平、立、顶、剖面图的外轮廓线；截面轮廓线
	中		$1/2b$	可见轮廓线；门、窗、家具和突出部分（檐口、窗台、台阶）的外轮廓线等
	细		$1/4b$	可见轮廓线；尺寸线、尺寸界线、剖面线及引出线；图中的次要线条（如粉刷线）
虚线	粗		b	常用在一些专业制图里面；地下管道等
	中		$1/2b$	不可见轮廓线
	细		$1/4b$	不可见轮廓线、图例线等
点画线	粗		b	结构平面图中梁、柱和桁架的辅助位置线；吊车轨道等
	中		$1/2b$	常用在有关专业制图中
	细		$1/4b$	中心线、对称线、定位轴线等
双点画线	粗		b	常用在有关专业制图中
	中		$1/2b$	常用在有关专业制图中
	细		$1/4b$	假想轮廓线、成型前原始轮廓线
折断线	细		$1/4b$	断开的界面
波浪线	细		$1/4b$	构造层次的局部界线或断界线

表 1.2-5　图线线宽组　　　　　　　　　单位：mm

线宽比	线宽组					
b	2.0	1.4	1.0	0.7	0.5	0.35
$0.5b$	1.0	0.7	0.5	0.35	0.25	0.18
$0.25b$	0.5	0.35	0.25	0.18	—	—

（3）图线的绘制要求

①相互平行的两条直线之间的间隔宽度不能小于该线宽组中粗线的宽度。

②虚线、点画线的线段长度和间隙都应该各自相等。虚线间隙、点画线间隙、短画线的长度为0.5~1 mm，虚线的线段部分长度为3~6 mm，点画线中长画线的长度为15~20 mm。

③图线的交接：虚线与别的线条相交叉时，一定要在虚线的线段部分相交。而点画线与其他图线相交叉时，应该在长画线部分相交。

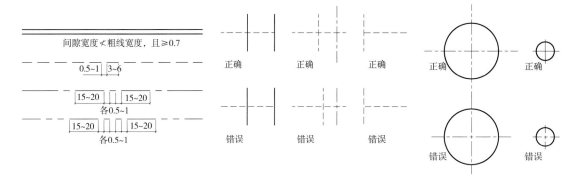

图1.2-6　虚线、点画线的线段长度　　　图1.2-7　虚线、点画线相交示范　　　图1.2-8　十字中心线相交示范
　　　　　及间隙要求

④图线不得与文字、数字和符号重叠或混淆。如果不可避免，则确保文字、数字或符号要清晰。

1.2.3　字体

环境设计制图中，要对图样进行必要的文字注明和数字标注。图样中的字体有汉字、阿拉伯数字和拉丁字母等。字体的书写要求笔画清晰，字体端正，间隔均匀，排列整齐。

（1）汉字及字号

制图中的汉字应采用长仿宋体。长仿宋体的书写要领为横平竖直，起笔和落笔呈倾斜状，结构均匀，填满方格。长仿宋体的宽度为高度的2/3。

字号就是字体的高度，如5号字就是该字高为5 mm。字体的字号有2.5、3.5、5、7、10、14、20。其中，汉字的最小字号为3.5，拉丁字母和数字的最小字号为2.5。同一级别的字体，数字和字母要比汉字小一个字号。

表1.2-6　长仿宋体的字高与字宽　　　　单位：mm

字号	20号	14号	10号	7号	5号	3.5号
字高	20	14	10	7	5	3.5
字宽	14	10	7	5	3.5	2.5

表1.2-7 长仿宋体汉字示范

字高	字体示范
10	散水台阶外门雨篷雨水管窗台遮阳板
7	基础楼地面休息平台楼梯梯段安全栏杆外窗过梁
5	建筑工程专业设计制图审核比例日期说明钢筋混凝土框架承重结构水泥砂
3.5	总平面图风频率玫瑰大门前庭绿化草坪车库新建建筑原有建筑计划扩建建筑拆除建筑通道坐标方格网交叉点坐标

（2）数字及字母

阿拉伯数字用来表示各种尺寸数据。如果要写成斜体字，则其倾斜度应从字的上线顺时针倾斜15°，倾斜字字宽与字高应该与相应的正体字的字宽字高相等。拉丁字母一般用于表示图样上的各种代号、编号等。

表1.2-8 字母、数字示范（字高3.5 mm）

字母示范	ABCDEFGHIJK
数字示范	0123456789
字母斜体字示范	*ABCDEFGHIJK*
数字斜体字示范	*0123456789*

1.2.4 比例

比例是图形的图上尺寸与实际尺寸之比，以阿拉伯数字来表示，如1∶100，1∶200等。比例通常写在图名的右边，比图名字体小一个字号。

$$比例公式：\frac{1}{x} = \frac{图上尺寸}{实际尺寸}$$

（1）制图常用比例

环境设计制图中，常用的比例应根据图幅的大小、图样的用途和绘图内容的复杂程度而定。制图比例见表1.2-9（优先选用常用比例）。

表1.2-9　制图比例

常用比例	1∶1、1∶2、1∶5、1∶10、1∶20、1∶50、1∶100 1∶150、1∶200、1∶500、1∶1 000、1∶2 000、1∶5 000 1∶10 000、1∶20 000、1∶50 000、1∶100 000、1∶200 000
可用比例	1∶3、1∶4、1∶6、1∶15、1∶25、1∶30、1∶40 1∶60、1∶80、1∶250、1∶300、1∶400、1∶600

（2）比例的换算

①已知物体的实际尺寸和图纸的制图比例，求物体的图上尺寸。

以图纸制图比例1∶50为例，物体图上尺寸为：1×物体实际尺寸÷制图比例。例如，要在1∶50的图纸上画一条实际尺寸为8 m长的线段，图纸上应该画多少呢？

物体图上尺寸为：1×8 000 mm÷50=160 mm，得出需要在1∶50的图纸上画160 mm的线，来表示实际为8 000 mm的线段。

②已知物体的图上尺寸和制图比例，求物体的实际尺寸。

以图纸制图比例1∶50为例，物体实际尺寸为：物体图上尺寸×制图比例÷1。例如，在1∶50的图纸上有一条尺寸为300 mm长的线段，它的实际尺寸是多少呢？

物体实际尺寸为：300 mm×50÷1=15 000 mm，得出1∶50图纸上300 mm的线表示的是实际中15 000 mm长的线。

③已知物体实际尺寸和图上尺寸，该选择什么制图比例画图呢？

根据公式，制图比例=图上尺寸÷实际尺寸。

我们将准备画在图纸上的尺寸÷物体实际尺寸，根据得出的数值，在常用制图比例表中选择最合适的比例即可。

作业练习一

1.根据图纸的规范，绘制横幅A3图框、标题栏和会签栏。

2.按照字体规范，抄写汉字、数字和字母。

3.制图比例的换算：

（1）实际尺寸是3 m，制图比例为1∶50，图上尺寸是多少？

（2）实际尺寸是25 mm，制图比例为2∶1，图上尺寸是多少？

（3）图上尺寸是150 mm，制图比例为1∶30，实际尺寸是多少？

（4）图上尺寸是20 mm，制图比例为1∶100，实际尺寸是多少？

4.按照比例制图：

（1）一幢单层建筑，东西长9 m，南北宽5 m，用1∶50的比例绘制墙体结构图，要求使用粗实线绘制。

（2）一张6人餐桌，长1 800 mm，宽900 mm，用1∶20的比例制图，要求使用中实线绘制出餐桌平面图。

（3）一张茶几，长1 000 mm，宽500 mm，请选择常用且适当比例制图，以中实线完成茶几平面图。

1.2.5 尺寸标注

在环境设计制图中，除了要绘制出物体具体的形状、大小，还要标注清楚图样各部分的实际尺寸。图样的尺寸是制图与施工的重要依据，尺寸的标注应准确无误，标注完整，字体清晰。

（1）尺寸的组成

一个完整的尺寸标注由尺寸线、尺寸界线、尺寸起止符号及尺寸数字四个部分组成。

①尺寸线

尺寸线是表明所标注图样的长度，用细实线绘制，与所标注的图样平行，并与尺寸界线垂直，两端不得超出尺寸界线。复杂的图样中，尺寸线可以有两道或三道，第一道尺寸线距离图样外轮廓的距离不小于10 mm，相邻两道尺寸线之间的间距为7~10 mm，并互相保持平行。

②尺寸界线

尺寸界线是表明所标注尺寸线的范围，由两根细实线绘制，一般长度为10 mm。尺寸界线位于尺寸线两端并与尺寸线垂直，一端距图样轮廓线2 mm，另一端超出尺寸线2 mm。

③尺寸起止符号

尺寸起止符号是表明一段尺寸的起点与止点。环境设计制图中的起止符号一般为2~3 mm长的粗短线，倾斜方向为尺寸界线顺时针旋转45°。

④尺寸数字

尺寸数字是物体的实际尺寸，与所绘制图样的比例和图上尺寸无关。标注时，只需标注数字，不需要标注单位。在环境设计制图中，除了建筑总平面图上的尺寸标注和标高以"m"为单位之外，其余所有图纸的标注都是以"mm"为单位。

当尺寸线为水平线时，尺寸数字写在尺寸线上方中间位置；当尺寸线为垂

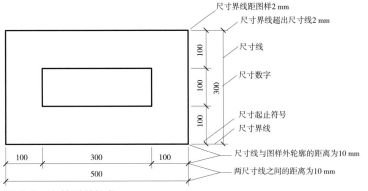

图1.2-9 尺寸标注的组成

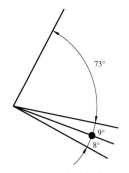

图1.2-12 角度标注

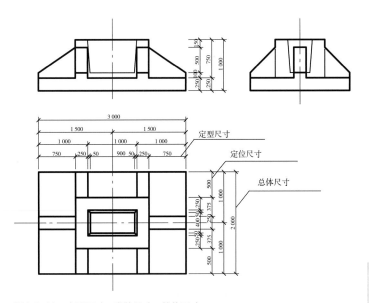

图1.2-10 定型尺寸、定位尺寸、总体尺寸

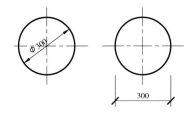

图1.2-13 直径标注法

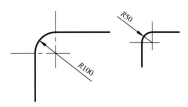

图1.2-14 半径标注法

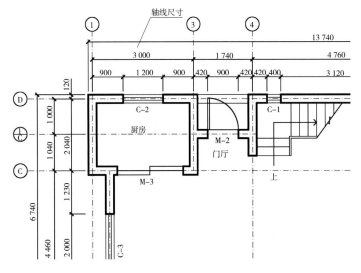

图1.2-11 轴线尺寸

作业练习二

1.按1∶10的比例抄绘图1.2-9,进行尺寸标注练习。

2.按照1∶5的比例抄绘图1.2-13、图1.2-14,并进行直径、半径尺寸标注练习。

3.绘制下列图形(图1.2-15),并按照定型尺寸、定位尺寸、总体尺寸的要求进行尺寸标注。

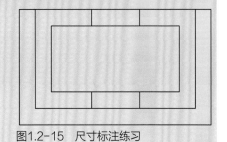

图1.2-15 尺寸标注练习

直线时，尺寸数字写在尺寸线的左侧中间位置，且数字需要逆时针旋转90°注写。

（2）定型尺寸、定位尺寸、总体尺寸

定型尺寸是组成物体各个基本形状的尺寸。

定位尺寸是组成物体各个基本形状之间相对位置的尺寸。

总体尺寸是物体总的长度、宽度、高度的尺寸。在标注尺寸时，定型尺寸和定位尺寸在内，总体尺寸标注在最外层。

（3）轴线尺寸

在建筑工程图中，还要标注建筑的主要承重构件的位置，也就是建筑定位轴线。建筑定位轴线之间的尺寸称为轴线尺寸。

（4）角度标注

图样中的角度需要用角度标注符号进行标注。角度标注符号一般用箭头表示，箭头的长度为$4b$~$5b$（b为线宽）。若没有足够位置画箭头，也可用小圆点替代。角度数字水平书写在尺寸线之外。

（5）直径及半径的尺寸标注

对圆的直径或半径进行尺寸标注，可采用直径标注法或半径标注法。在直径、半径标注法中，尺寸的起止符号常用箭头表示，直径标注的尺寸线要经过圆心，在数字前加"ϕ"符号。半径标注的尺寸线一端从圆心开始，箭头指向圆的边，在数字前加"R"符号。

1.3　投影图的基本知识

在一个平面图纸上，要准确地表达出三维物体的形状和大小，这就需要运用投影的方法来进行绘制，所绘制的图样就是投影图。

1.3.1　投影的形成、分类及特征

（1）投影的形成

光线照射物体，会在墙上或地上形成影子，这种影子能反映出物体的形状和大小。环境设计制图中，图纸的形成就是利用影子的这种特性。

假设物体是透明的，物体的影子就可反映出物体的轮廓形状和大小，这就是投影现象。在制图中，将这种光线称为投射线，将承载影子的面称为投影面，将投射线穿过假定透明的物体在投影面上的影子称为投影。

投影的形成有以下三个必要条件：

①必须要有投射线，也就是光线。

②必须要有实际物体，假设透明的物体。

③必须要有投影面，就是承载影子所在的平面。

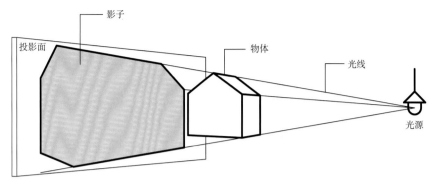

图1.3-1　物体的影子

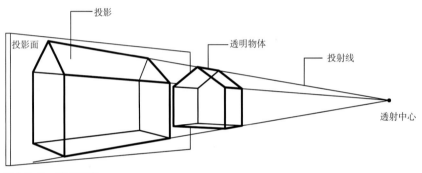

图1.3-2　投影现象

（2）投影的分类及在制图中的运用

投影按照投射线的不同，可分为中心投影和平行投影。

①中心投影：由点光源产生放射状的光线，使物体产生的投影。中心投影产生的投影图直观性较强，一般不能反映物体的实际大小。透视图就是运用中心投影所绘制的投影图。

②平行投影：由相互平行的投射线，使假设透明的物体产生的投影。按照投射线与物体投射角度关系的不同，平行投影又可分为斜平行投影和正平行投影。

斜平行投影是用一组互相平行的投射线，按一定的角度倾斜投射物体而在投影面上形成的投影。斜平行投影图立体直观性较强，但难以反映物体的真实大小。轴测图就是运用斜平行投影原理而绘制的投影图。

正平行投影是用相互平行的投射线与物体和投影面同时相互垂直投射而得到的投影。正平行投影图能真实地反映物体实际的形状与大小，缺点是立体直观性差。三视图、建筑工程图、室内工程图和景观工程图的图纸都是按照正平行投影法原理绘制而成的。

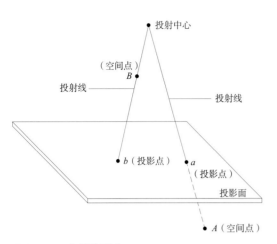

图1.3-3　投影的形成

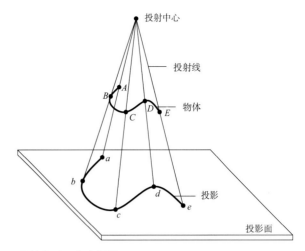

图1.3-4　中心投影

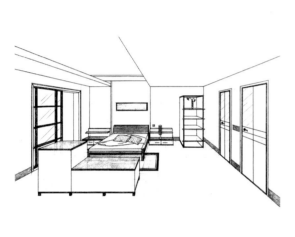

图1.3-5　中心投影的应用——透视图

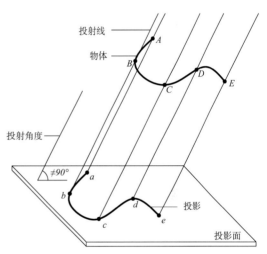

图1.3-6　斜平行投影

（3）正平行投影的特性

正平行投影简称正投影，正投影具有五个基本特性：度量性、集聚性、类似性、平行性及等比性。

①度量性：当直线或平面平行于投影面时，投影图就反映直线或平面的真实大小，投影图即表现出度量性。例如，一条与投影面平行的直线，它的投影图长度完全反映直线的实际长度。

②集聚性：当直线或平面垂直于投影面时，投影图就表现出集聚性。例如，当一条直线与投影面垂直时，投影图中的直线就会集聚成一个点；当空间中的平面与投影面垂直时，投影图中的面就会集聚成一条直线。

③类似性：当直线或平面与投影面呈现倾斜角度时，投影图就表现出

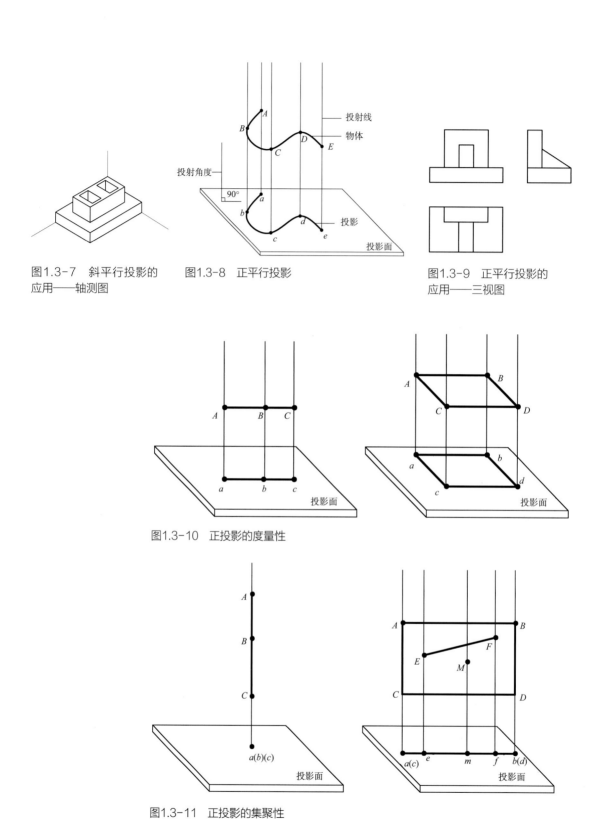

图1.3-7 斜平行投影的
应用——轴测图

图1.3-8 正平行投影

图1.3-9 正平行投影的
应用——三视图

图1.3-10 正投影的度量性

图1.3-11 正投影的集聚性

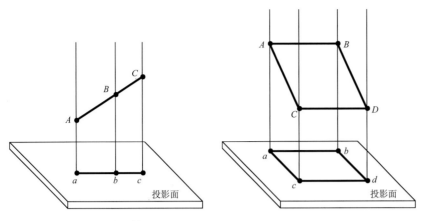

图1.3-12 正投影的类似性

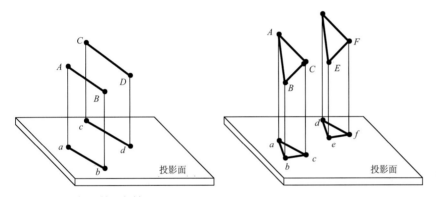

图1.3-13 正投影的平行性

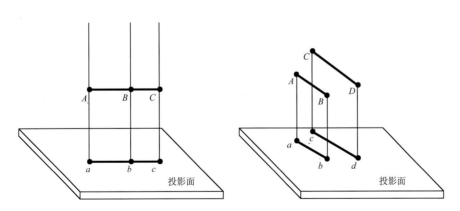

图1.3-14 正投影的等比性

类似性，即投影图反映空间中的线或面的类似图形，且比实际的尺寸小。例如，倾斜于投影面的直线，直线的投影图还是直线，但是该直线的投影长度比空间中直线的长度要短，无法反映真实的直线长度；倾斜于投影面的平面，该面的投影图是缩小的空间平面的类似形，无法反映空间中面的形状和大小。

④平行性：在空间中相互平行的直线或平面，它们在投影图中依然保持平行，这就是正投影的平行性。例如，空间中相互平行的两条直线且平行于投影面，这两条直线的投影图也依然是平行关系。

⑤等比性：一条直线上两条线段的比例关系，其在投影图上依然保持着本来的比例关系，这就是正投影的等比性。例如，一条直线由两个线段组成，这两个线段的长度之比等于该直线两线段在投影图中的长度之比。

1.3.2　三视图

（1）三视图的形成

正投影图能够反映物体的实际形状与大小，但是仅仅靠一张正投影图是无法反映出物体的全部面貌的。为了能够完全表达出物体的形体特征，我们需要用多张正投影图来表现。

将物体放在由三个相互垂直投影面组成的空间坐标体系之中，分别用垂直于三个投影面的投射线来投射物体，就可得到这个物体在三个不同投影面上的正投影图。在工程制图中，投影图又称视图，三个不同面的投影图也就是人们常说的三视图。三视图能全面地反映出物体的正面、左侧面及顶面的形状与大小。

在AR学习平台APP中，通过案例1的动画过程教学来学习三视图的形成。

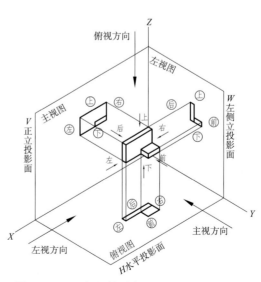

图1.3-15　三视图的形成

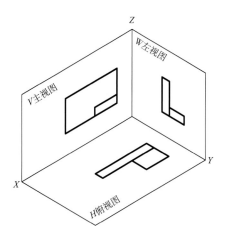

图1.3-16　空间坐标体系中的三视图

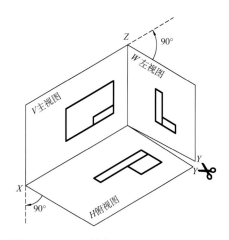

图1.3-17　沿Y轴剪开

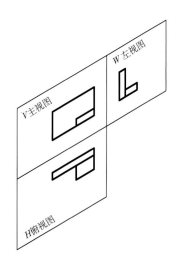

图1.3-18　三个投影图展开在一个平面内

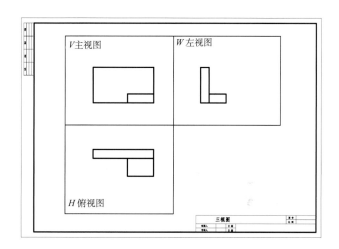

图1.3-19　三视图

三视图分别在三个投影面上，为了作图方便，需要把三个投影面展开。将W面与H面沿Y轴剪开，W面沿着Z轴向后旋转90°，H面沿着X轴向下旋转90°，可使三个投影面展开在一个平面内，这就叫作三面投影面的展开，也就是三视图的展开图。

（2）三视图与物体的对应关系

通常把平行于水平面的投影面称为水平投影面，用字母H表示。物体从上向下在水平面上的投影称为水平面投影图，也称为俯视图。

与水平投影面垂直，位于物体后方的投影面称为正立投影面，用字母V表示。物体从前往后在正立投影面上的投影称为正立面投影图，也称为主视图。

与水平投影面、正立投影面分别垂直，位于物体右方的投影面称为左侧立投影面，用字母W表示。物体从左往右在左侧立投影面上的投影称为左侧立面投影图，也称为左视图。

三个投影面之间的交线就是投影轴，H 面与V 面的交线是X 轴，反映物体的长度；H 面与W 面的交线是Y 轴，反映物体的宽度；V 面与W 面的交线是Z轴，反映物体的高度。

三视图中的每一个视图分别反映物体长度、宽度、高度三个维度中的两个维度。俯视图反映物体的长和宽，俯视图中的横线表示物体的长，俯视图中的竖线表示物体的宽。主视图反映物体的长和高，主视图中的横线表示物体的长，主视图中的竖线表示物体的高。左视图反映物体的宽和高，左视图中的横线表示物体的宽，左视图中的竖线表示物体的高。

（3）三视图的规律

三视图展开后，同时反映物体长度的俯视图应该与主视图左右对齐，这就是三视图的第一个规律，即长对正；同时反映物体高度的主视图应该与左视图上下对齐，这就是三视图的第二个规律，即高平齐；同时反映物体宽度的左视图应该与俯视图前后对齐，这就是三视图的第三个规律，即宽相等。"长对正、高平齐、宽相等"是三视图的基本规律，简称"三等"规律。

（4）三视图的画法及尺寸标注

按照三视图"三等"规律，根据给出的物体直观图，绘制物体的三视图，绘制方法如下：

①先画投影轴，即交叉的水平线和垂直线，由此可把图纸的平面分成四个部分，左下部分表示H 面，左上部分表示V 面，右上部分表示W 面。俯视图画在左下方，主视图画在左上方，左视图画在右上方。

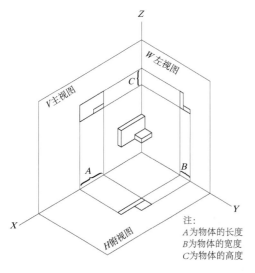

图1.3-20 三视图与物体长、宽、高的关系

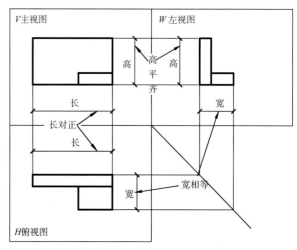

图1.3-21 三视图的规律

②量取物体的长度和高度尺寸，在V面上绘制主视图。

③量取物体的长度和宽度尺寸，在H面上绘制俯视图。

④根据"三等"规律，在W面上绘制左视图。

⑤按照尺寸标注的要求，对物体的定型、定位和总体尺寸进行标注。

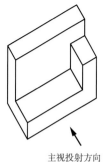

主视投射方向

图1.3-22　物体直观图

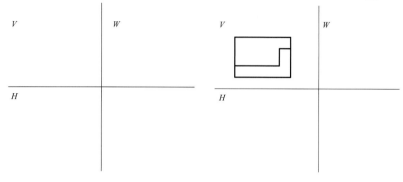

图1.3-23　三视图制图步骤（1）　　　　图1.3-24　三视图制图步骤（2）

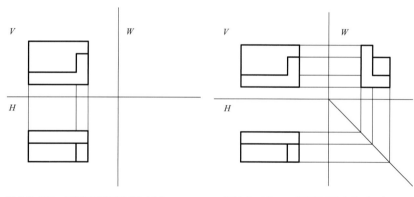

图1.3-25　三视图制图步骤（3）　　　　图1.3-26　三视图制图步骤（4）

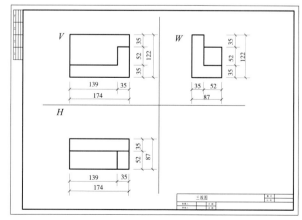

图1.3-27　三视图制图步骤（5）

23

1.3.3 几何物体的三视图

（1）简单几何体的三视图

物体都是由一些简单几何体组合而成，掌握简单几何体的三视图画法，是我们画好物体三视图的基础。简单的几何体有棱柱、棱锥、棱台、圆柱、圆台及圆锥等。

棱柱、棱锥、棱台的三视图特点如下：

①都有一个平行于投影面的底，底面形状为正多边形。

②正棱柱的顶面与底面平行且大小一致；正棱台的顶面与底面平行，且比底面小；正棱锥没有顶面，顶面集聚成一个点。

③棱柱、棱台和棱锥的其他面均为侧面，侧面由若干几何形组成。正棱柱的侧面为长方形组合，正棱台的侧面为等腰梯形组合，正棱锥的侧面为等腰三角形组合。

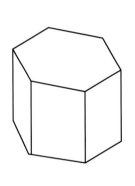
图1.3-28　六棱柱直观图

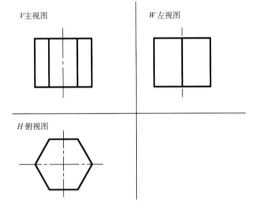
图1.3-29　六棱柱在空间中的投影　　图1.3-30　六棱柱的三视图

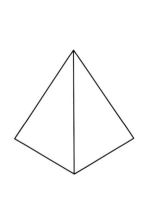

图1.3-31　四棱锥直观图

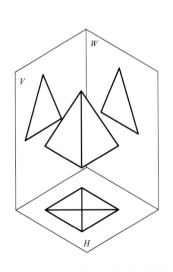
图1.3-32　四棱锥在空间中的投影

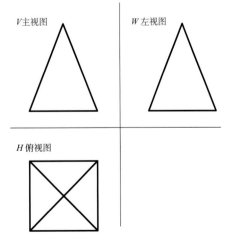
图1.3-33　四棱锥的三视图

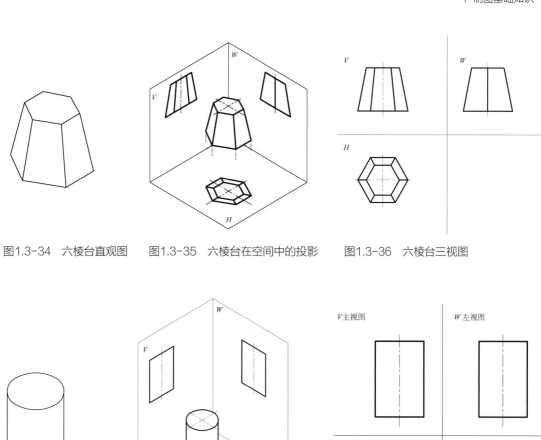

图1.3-34　六棱台直观图　　图1.3-35　六棱台在空间中的投影　　图1.3-36　六棱台三视图

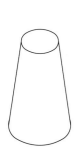

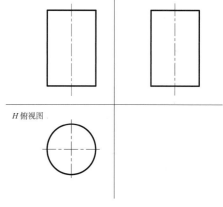

　圆柱直观图　　图1.3-38　圆柱在空间中的投影　　图1.3-39　圆柱三视图

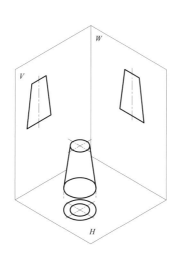

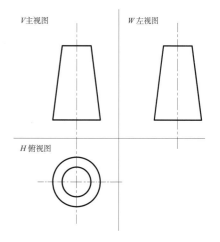

图1.3-40　圆台直观图　　图1.3-41　圆台在空间中的投影　　圆1.3-42　圆台三视图

圆柱、圆台、圆锥的三视图特点如下：

①都有一个平行于某个投影面的底，底面形状为圆形。

②圆柱的顶面与底面平行且大小一致；圆台的顶面与底面平行，且比底面小；圆锥没有顶面，顶面集聚成一个点。

③其他的面均为连续的回转体，反映在投影图上，圆柱的侧面投影为长方形；圆台的侧面投影为等腰梯形；圆锥的侧面投影为等腰三角形。

（2）复杂几何体的三视图

在日常生活中，所见的建筑物或者物体都是简单几何体的组合。具体的组合方法有叠加法、切割法和混合法三种。

绘制复杂几何体的三视图时，首先要确定物体的摆放位置，为了使投影图更符合实际形态，方便读图，需要将建筑形体或复杂的构件处于自然状态，如柱子垂直放置，梁水平放置等。其次将最能反映建筑形体或构件外貌特征的立面确定为正立面，同时尽量减少虚线的出现，因为过多的虚线会影响读图与尺寸标注。然后要进行物体的形体分析，分析物体由哪些基本几何体组合而成。最后按照简单几何体的绘图方法，依照三视图的规律进行绘图。

（3）三视图补全画法

三视图中只出现两个视图的投影，在没有立体直观图的情况下，需要补全第三个视图的投影，称为三视图补全画法。对于简单物体的三视图补全画法，根据"三等"规律，可直接画出第三个视图。

复杂物体三视图的补全画法：

①选取主视图（优先选择有斜线和弧线的面），做变形处理，画成斜平行四边形。

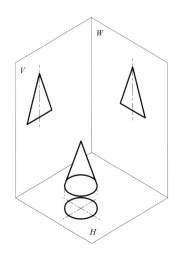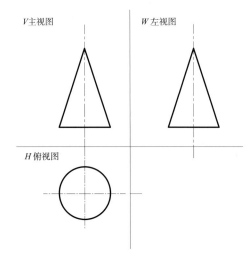

图1.3-43　圆锥直观图　　图1.3-44　圆锥在空间中的投影　　图1.3-45　圆锥三视图

②根据左视图中的物体宽度，在变形的主视图上画出物体的宽度。

③结合左视图的物体形状，画出大致的立体图。

④结合主视图和俯视图中物体的"长、宽、高"关系，修改完成立体图。

⑤根据立体图，结合"三等"规律，画出第三个视图。

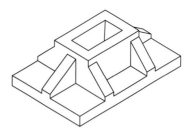

图1.3-46　复杂几何物体的直观图

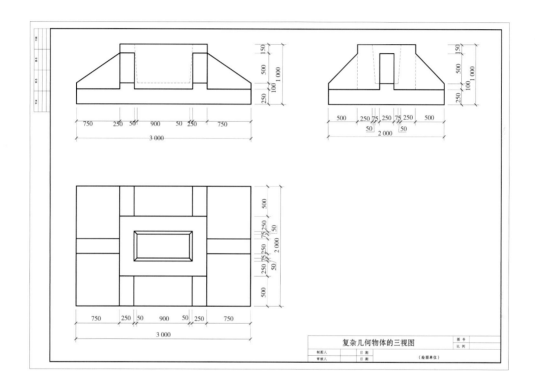

图1.3-47　复杂几何物体的三视图

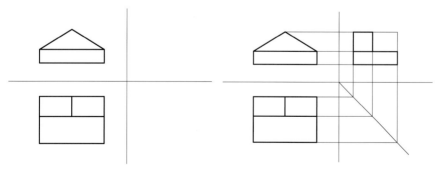

图1.3-48　已知两个视图

图1.3-49　根据"三等"规律，绘制第三个视图

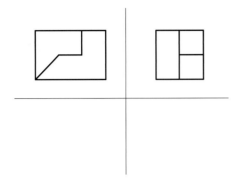

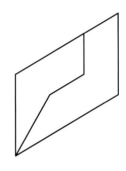

图1.3-50　已知两面投影

图1.3-51　选择正立面投影（优先选择有斜线和弧线的面），作变形处理

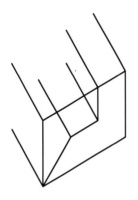

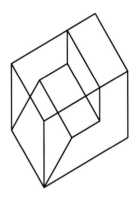

图1.3-52　为主视图加上第三维度的线条

图1.3-53　结合左侧立面图，连接第三维度线条，变成直观图

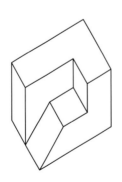

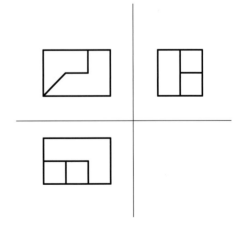

图1.3-54　完成直观图

图1.3-55　根据"三等"规律，并参照直观图绘制第三个面的视图

作业练习三

1. 根据三视图的规律，抄绘图1.3-27，完成三视图作业。

2. 根据下列简单物体直观图（图1.3-56~图1.3-64），绘制三视图并标注尺寸（其尺寸为物体实际尺寸）。

3.根据下列复杂物体直观图（图1.3-65~图1.3-71），绘制三视图并标注尺寸。

4.三视图补全画法练习（图1.3-72~图1.3-79）。

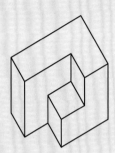

图1.3-56 简单物体三视图练习（1）

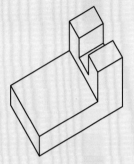

图1.3-57 简单物体三视图练习（2）

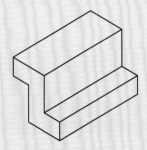

图1.3-58 简单物体三视图练习（3）

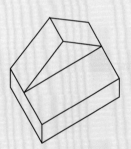

图1.3-59 简单物体三视图练习（4）

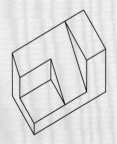

图1.3-60 简单物体三视图练习（5）

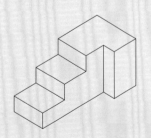

图1.3-61 简单物体三视图练习（6）

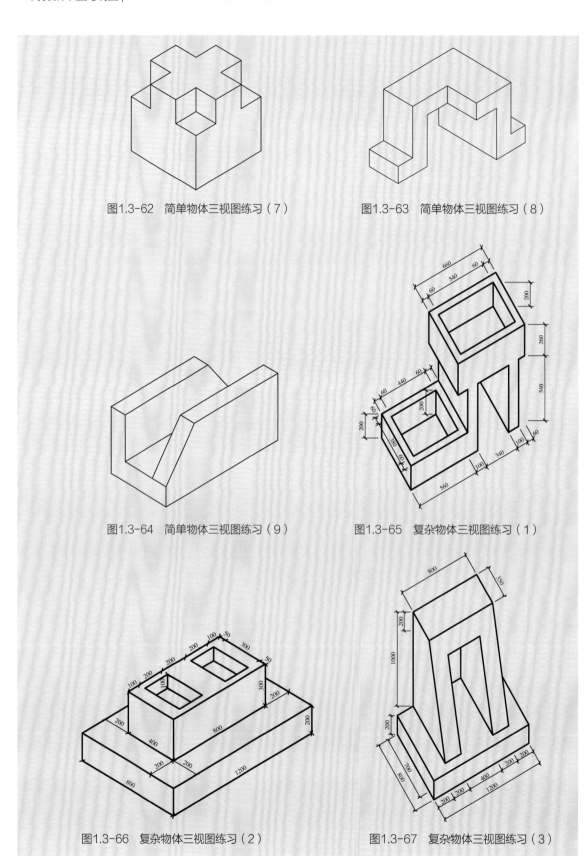

图1.3-62　简单物体三视图练习（7）

图1.3-63　简单物体三视图练习（8）

图1.3-64　简单物体三视图练习（9）

图1.3-65　复杂物体三视图练习（1）

图1.3-66　复杂物体三视图练习（2）

图1.3-67　复杂物体三视图练习（3）

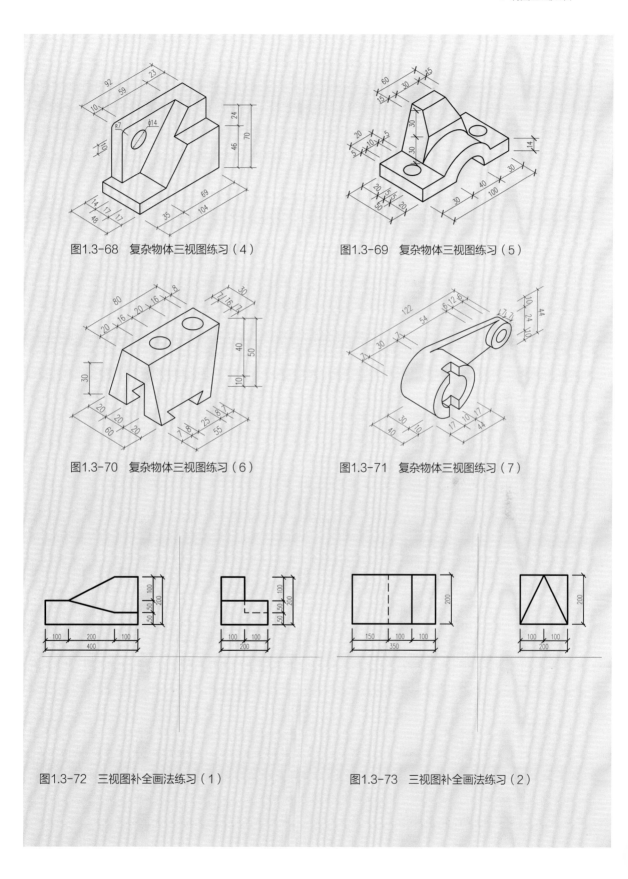

图1.3-68 复杂物体三视图练习（4）

图1.3-69 复杂物体三视图练习（5）

图1.3-70 复杂物体三视图练习（6）

图1.3-71 复杂物体三视图练习（7）

图1.3-72 三视图补全画法练习（1）

图1.3-73 三视图补全画法练习（2）

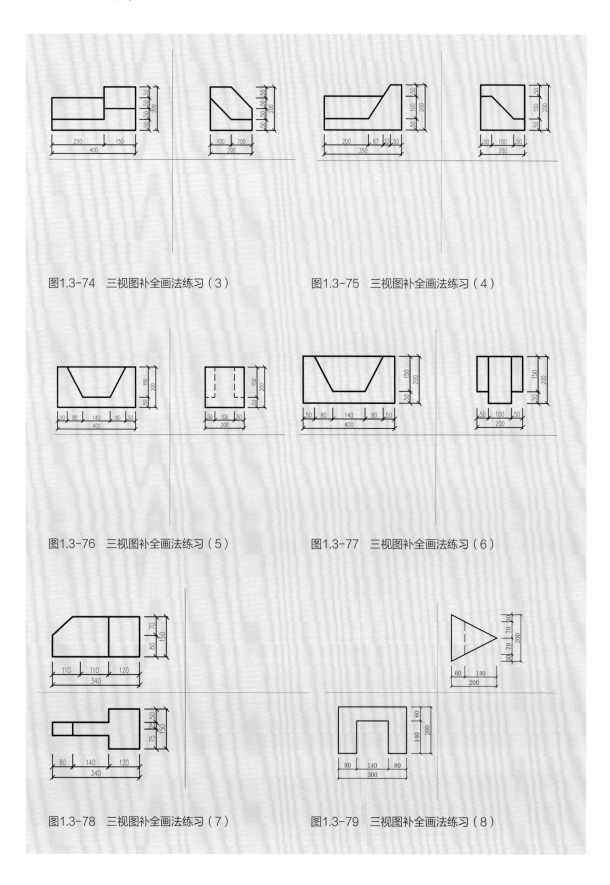

图1.3-74　三视图补全画法练习（3）

图1.3-75　三视图补全画法练习（4）

图1.3-76　三视图补全画法练习（5）

图1.3-77　三视图补全画法练习（6）

图1.3-78　三视图补全画法练习（7）

图1.3-79　三视图补全画法练习（8）

1.3.4 简单家具的三视图测量与制图

简单家具三视图的测量与制图步骤如下：

①绘制出简单家具的三视图草图。

②用卷尺量出家具各部位的数据，并记录在草图上，以毫米（mm）为单位。

③确定绘制的图幅与比例，用H或2H铅笔按比例绘制三视图的底图。

需要注意的是，因为图纸需要标注尺寸，所以两个视图之间的间距需要空开30 mm。

④检查底图，确定无误，用HB——2B铅笔加深、加粗图线，并标注尺寸。

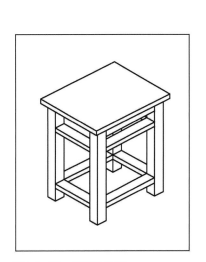

图1.3-80　家具直观图

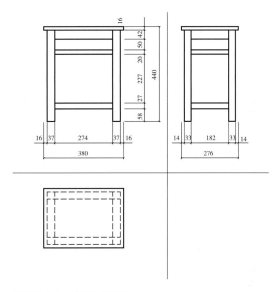

图1.3-81　家具三视图

作业练习四

1.测绘课桌并绘制其三视图，标注尺寸。

2.测绘宿舍的书桌并绘制其三视图，标注尺寸。

1.4 剖面图与断面图的基本知识

1.4.1 剖面图

用投影图表示物体时，可见的物体轮廓线用实线表示，而不可见的轮廓线则需要用虚线表示。当物体内部结构简单时，这种方法能清楚地反映出物体的形体结构。但是，当物体的内部形状结构复杂时，单靠外立面的投影图是无法

AR学习平台

在AR学习平台APP中，通过案例2的动画过程教学来学习剖面图的形成。

表达清楚物体的内部结构关系的。为了解决这个问题，我们通过剖面图来对物体的内部结构进行表达。用假想的剖切面在物体的适当位置剖开，移去观察者与剖切面之间的部分，对留下的部分作平行正投影，所得到的投影图就称为剖面图。剖切面要平行于投影面，这样形成的剖面图才能正确地反映物体的内部结构。同时，剖切面要经过物体孔洞的中心或其他有代表性的位置。

剖面图中被假想的平面剖切到的轮廓线应用粗实线绘制，并在轮廓内部按国家制图标准中的规定绘制出内部结构材料的图例，图例线用细实线绘制。物体中没被剖切到，但是仍然可以投影出来的部分用中实线绘制，剖面图中可省略虚线内容。

（1）剖切符号

剖切符号是剖面图与物体的正投影图之间的索引符号。剖切符号应绘制在物体的正投影图上，由剖切位置线、投射方向线和编号组成。

剖切位置线为长6~10 mm的粗实线，表示剖切平面经过物体的剖切位置。投射方向线为4~6 mm长的粗实线，表示剖切后光线投影的方向。编号采用阿拉伯数字或字母，标在投射方向线的顶端。剖面图的图名是以剖面图的编号来命名的。例如，"1—1剖面图"，图名写在剖面图的下方。

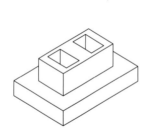

图1.4-1 物体直观图

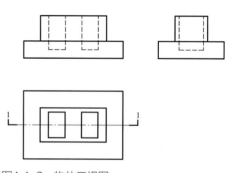

图1.4-2 物体三视图

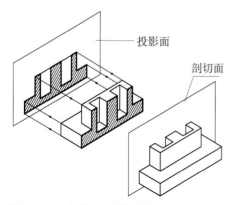

图1.4-3 用假想平面剖切并投影

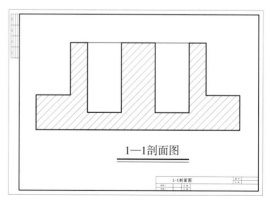

图1.4-4 物体剖面图

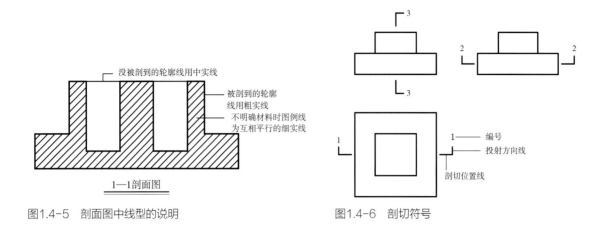

图1.4-5　剖面图中线型的说明　　　　　　　图1.4-6　剖切符号

（2）剖面图的分类

剖面图的种类可分为全剖面图、半剖面图、阶梯剖面图及局部分层剖面图四种。

①全剖面图

用一个假想的平面将物体完整地剖切开而得到的剖面图，称为全剖面图。在物体构件的外形比较简单而内部结构比较复杂且物体不对称时，可用全剖面图。

②半剖面图

在画对称物体的剖面图时，通常把投影图的一半画成剖面图，另一半画成外观图，这样的剖面图称为半剖面图。通过这种剖面图可同时了解物体的外形和内部的结构。

在半剖面图中，剖面图与外形图应以对称面或对称线为界限，对称面或对称线应该用细点画线表示。左右对称的物体，对称轴左边绘制外形图，右边绘制剖面图；上下对称的物体，上半部分画外形图，下半部分绘制剖面图。半剖面图可不用画出剖切符号，外形图中一般省略虚线。

③阶梯剖面图

当物体内部有两个或两个以上相互平行而又不在同一轴线上的内部孔洞结构时，用两个或两个以上互相平行的剖切平面剖切物体得到的剖面图称为阶梯剖面图。由于剖切平面是假想的，因此，阶梯剖面图中的剖切平面转折处的交线可以不画。阶梯剖面图必须在三视图中画出剖切符号。

④局部分层剖面图

当对具有若干层次的物体局部进行内部结构的表达时，只需要将该局部剖开，只作该局部的投影图，得到的投影图称为局部分层剖面图。局部分层剖面图用波浪线与外形分开，波浪线不能和其他图线重合，也不能超出外形轮廓线。

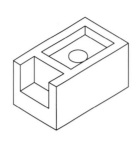

图1.4-7　全剖物体直观图

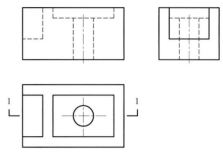

图1.4-8　三视图

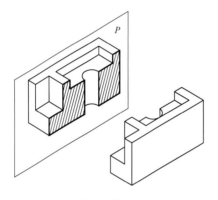

图1.4-9　假想平面剖切

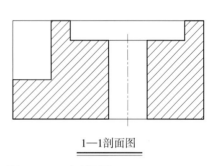

1—1剖面图

图1.4-10　全剖面图

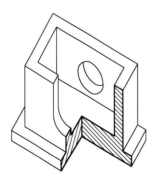

图1.4-11　半剖物体直观图

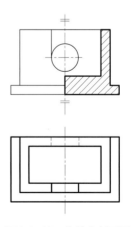

图1.4-12　物体半剖面图

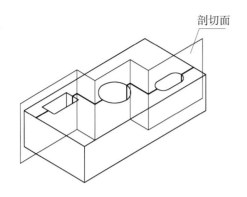

图1.4-13 阶梯剖切直观图

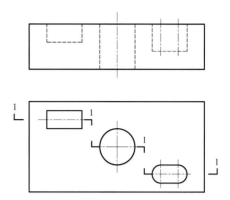

图1.4-14 阶梯剖切符号

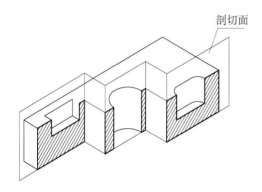

图1.4-15 阶梯剖切平面

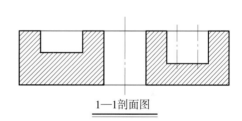

图1.4-16 阶梯剖面图

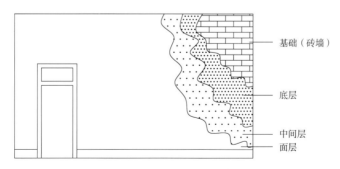

图1.4-17 局部分层剖面图

1.4.2　断面图

用假想的剖切平面将物体剖切开，仅画出物体与剖切平面交接的断面投影，称为断面图，简称断面。断面图中被剖开物体的轮廓线，用粗实线绘制，物体轮廓线内需要用材料图例线填充。当一个物体有多个断面时，断面图应按照剖切的顺序绘制。

（1）断面符号

断面符号由剖切位置线和编号组成。断面图的剖切位置线为6~10 mm的粗实线，编号采用阿拉伯数字或字母，标在剖切位置线的顶端。

（2）断面图的分类

由于构件的形状不同，可采用不同形式的断面图进行表示。常用的断面图有三种形式：移出断面图、重合断面图和中断断面图。

①移出断面图

移出断面图就是将物体剖切后所形成的断面图画在原投影图的旁边。断面图尽可能放在物体剖切位置的附近，以方便识图。当有多个断面时，应按照编号顺序绘制断面。

②重合断面图

将断面图直接画在投影图内，使断面图与投影图重合在一起，称为重合断面图。重合断面图只在整个物体结构基本相同的情况下采用，断面图的比例必须和投影图比例保持一致。断面轮廓线为粗实线，并在内缘画出材料图例线，当断面较薄时，可以涂黑。

③中断断面图

对于结构简单的长条形物体，可在物体的投影图某一处用折断线断开，然后将断面图画于两个折断线之间，称为中断断面图。中断断面图不需要绘制断面符号。

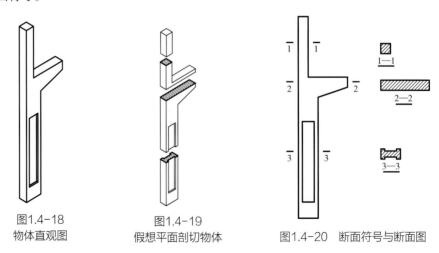

图1.4-18
物体直观图

图1.4-19
假想平面剖切物体

图1.4-20　断面符号与断面图

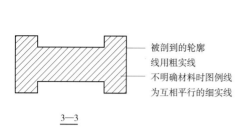

被剖到的轮廓
线用粗实线
不明确材料时图例线
为互相平行的细实线

3—3

图1.4-21 断面图线型

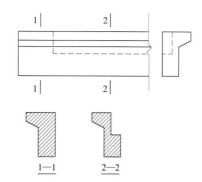

1—1   2—2

图1.4-22 移出断面图

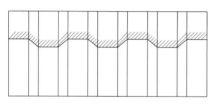

图1.4-23 重合断面图

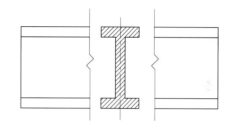

图1.4-24 中断断面图

作业练习五

1.根据下列给出的物体三视图（图1.4-25~图1.4-27），按照剖切符号的位置绘制剖面图。

2.根据下列给出的物体三视图（图1.4-28~图1.4-30），按照断面符号的位置绘制断面图。

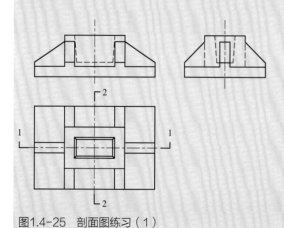

图1.4-25 剖面图练习（1）

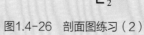

图1.4-26 剖面图练习（2）

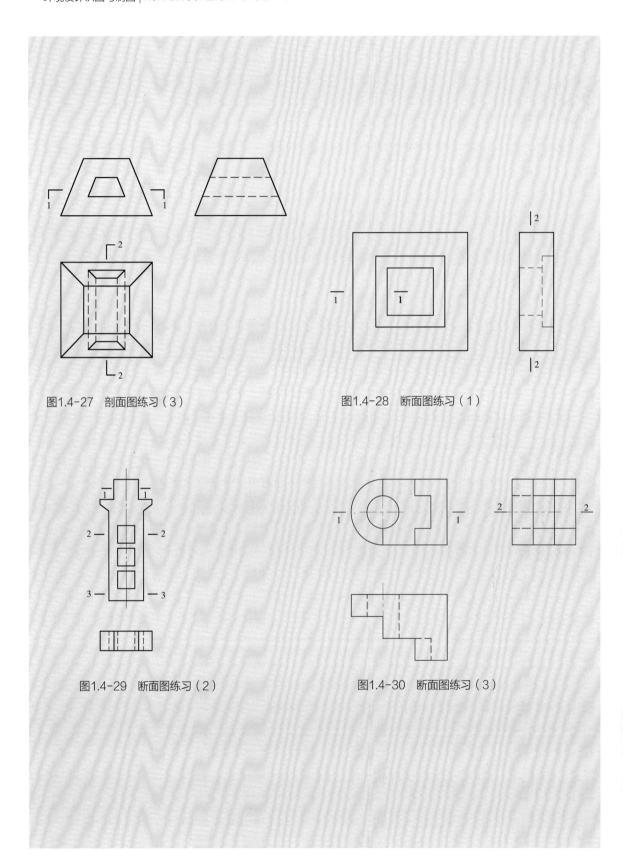

图1.4-27　剖面图练习（3）

图1.4-28　断面图练习（1）

图1.4-29　断面图练习（2）

图1.4-30　断面图练习（3）

2 | 建筑工程图的识图与制图

环境设计包括建筑的内部空间设计和建筑的外部空间设计。建筑作为划分环境内外空间的载体，是学习环境设计必须掌握的基本内容。在环境设计制图的学习中，建筑工程制图部分既是学习的基础，又是学习的重点。通过建筑工程图识图和制图的学习，为室内工程图和景观工程图的学习奠定基础。

2.1 建筑与建筑工程图

2.1.1 建筑的分类

建筑是人们根据使用的需要，满足使用功能，通过一定的物质技术条件而建造的构筑物。建筑物的分类方法很多，可按照建筑的使用性质分类，也可按照建筑的高度分类，还可按照建筑的结构材料进行分类。例如，按照建筑的使用性质分类，可分为工业建筑和民用建筑。其中，民用建筑又可分为居住建筑和公共建筑两类。按照建筑的高度分类，可分为低层建筑、多层建筑、中高层建筑、高层建筑及超高层建筑。按照建筑的结构材料分类，可分为砖混结构建筑、钢筋混凝土框架结构建筑和钢结构建筑等。

2.1.2 建筑的构造

各种建筑无论其使用性质、规模大小、构造方式有何不同，其构成建筑的主要部分是大体一致的，基本上都是由基础、墙体（柱）、楼面（地面）、楼梯、屋顶、门窗六大部分组成。除此之外，建筑还有台阶、雨篷、散水、阳台等附属构件，这些构件在建筑中起到不同的作用。

要掌握建筑工程图的识图和绘图内容，首先应该熟悉建筑各个部分的组成与作用。

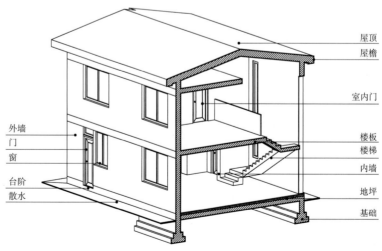

图2.1-1 建筑的构造

基础是建筑物最下部分的承重构件，基础承载了建筑的全部荷载，并将荷载传给地基。地基不属于建筑部分，而是建筑基础下面承受荷载的土壤层。

墙体（柱）是建筑的垂直组成构件，墙体分为承重墙和非承重墙。承重墙除了要起到分隔和围护空间的作用外，还要起到将建筑屋顶和各层楼面荷载传递给基础的作用，非承重墙则只起到分隔和围护建筑空间的作用。

楼面（地面）是建筑中水平方向的承重与分隔构件，楼面（地面）承载着家具、设备的重量，并将这些荷载传递给承重墙或承重柱。建筑底层的楼板面称为地面，建筑二层及以上的楼板面称为楼面。

楼梯是建筑的垂直交通设施，供人上下楼使用。楼梯的形式和数量根据建筑不同的性质而不同。

屋顶是建筑顶面的围护和承重构件，起到防水、隔热、保温、围护建筑的作用。

门是建筑中提供人们内外交通联系的构件，窗是建筑内部空间通风和采光的重要构件。

2.1.3 建筑工程图的概念

任何一个建筑物的建造都要经过建筑设计和建筑施工这两个阶段。建筑设计是根据使用要求，将建筑设计构思以图纸的形式表达出来的过程，所绘制的图纸称为建筑工程图。建筑施工是施工人员根据建筑设计图纸，运用施工技术将建筑建造出来的过程。

在民用建筑设计的过程中，一般分为方案设计、初步设计和施工图设计三个阶段。三个阶段的建筑工程图的绘图方法和制图标准都是一样的，区别在于它们图纸表达内容的深入程度不同。方案设计阶段的图纸内容最少，而建筑施工图设计阶段的内容最多，深度也最深。建筑施工图还包括建筑结构施工图、建筑设备施工图等。

2.1.4 建筑工程图纸的组成

建筑方案设计阶段的工程图纸一般由首页图（包括图纸目录、设计说明等）、基本图（包括总平面图、各层平面图、立面图和剖面图）和详图三大部分组成。

2.2 建筑工程制图的标准及规范

为了便于图纸的交流沟通，保证图纸的质量，提高制图的效率，国家建设部门制定了《房屋建筑制图统一标准》（GB/T 50001—2017）、《总图制图标准》（GB/T 50103—2010）、《建筑制图标准》（GB/T 50104—2010）以及相关的专业标准。在建筑工程图制图时，要严格遵守国家制图标准的规定。

2.2.1 建筑工程图纸中的图线

建筑工程图纸中的图线，其线型和线宽有着严格的规定。图线的基本宽度为b，b的值可从以下线宽中选择：0.35、0.5、0.7、1.0、1.4、2.0 mm。不同的图样应根据复杂程度与比例大小确定b的宽度。在本章建筑工程图的教学中，我们选择线宽b=1.0 mm。

2.2.2 定位轴线及符号

定位轴线是建筑中主要承重构件位置的基准线，同时也是建筑施工放线、设备定位的依据。建筑中的承重墙、承重柱、承重梁等主要承重构件都应标注定位轴线，形成纵横交错的定位轴线网，并用轴线编号来命名。建筑工程图中的定位轴线用细点画线绘制，一般通过承重构件的中心线。

定位轴线的编号应该标在轴线端部的圆内，圆用细实线绘制，直径8 mm，圆心在轴线的延长线上。建筑平面图中的定位轴线编号标在图样的下方和左侧，横向编号采用阿拉伯数字，竖向编号采用英文大写字母。其中，

表2.2-1 建筑常用图线线型表

序号	线型	线宽	用　途
1	粗实线	b	（1）建筑平面图、剖面图中被剖切开的建筑构造的轮廓线 （2）建筑立面图的外轮廓线 （3）建筑详图中被剖切开部分的轮廓线 （4）建筑构配件详图中配件的外轮廓线
2	中实线	$0.5b$	（1）建筑平面图、立面图、剖面图中建筑构配件的轮廓线 （2）建筑构造详图及建筑构配件详图中的一般轮廓线
3	细实线	$0.35b$	（1）建筑平面图、立面图、剖面图中建筑构件的细部结构线 （2）尺寸线、尺寸界线、图例线、索引符号、标高符号线
4	中虚线	$0.5b$	（1）建筑构配件中的不可见轮廓线 （2）建筑总平面图中的起重机轮廓线 （3）建筑总平面图中拟扩建的建筑物的轮廓线
5	粗点画线	b	起重机轨道线
6	细点画线	$0.35b$	中心线、对称线、定位轴线
7	折断线	$0.35b$	不需画全的断开界线
8	波浪线	$0.35b$	不需画全的断开界线、构造层次的断开界线

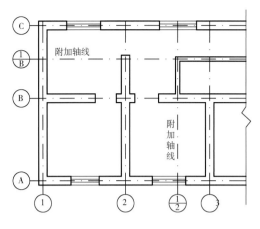

图2.2-1 建筑定位轴线及符号

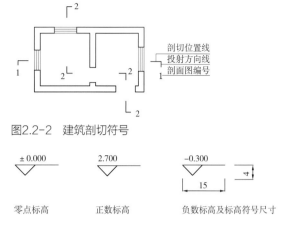

图2.2-2 建筑剖切符号

图2.2-3 建筑标高符号

I、O、Z不使用，字母数量不够用时，采用双字母或字母加数字的方式。

非承重墙可采用附加轴线，附加轴线的编号用分数表示，并符合以下规定：两根轴线间的附加轴线，以分母表示前一根轴线的编号，分子表示附加轴线的编号，编号用阿拉伯数字顺序编写。1号轴线和A号轴线之前的附加轴线分母以01、0A表示，分子表示附加轴线的编号，编号用阿拉伯数字顺序编写。

2.2.3 建筑剖切符号

建筑工程图中的剖切符号是建筑平面图与剖面图之间的索引符号，剖切符号标注在建筑的一层平面图中。建筑有几个剖面图就应该标注几个剖切符号。

剖切符号由剖切位置线、投射方向线和剖面图编号组成。剖切位置线和投射方向线均应用粗实线绘制。剖切位置线的长度宜为6～10 mm，投射方向线长度应短于剖切位置线，宜为4～6 mm。剖切位置线和投射方向线不应与其他图线相接触；剖面图编号宜用阿拉伯数字，标在投射方向线的端部；转折的剖切位置线宜在转角的外顶角处加注相应编号。

2.2.4 建筑标高符号

建筑工程图中的标高符号是标注建筑物高度的一种尺寸形式，分为绝对标高和相对标高两种。绝对标高是以我国黄海观测点的平均海平面为绝对标高的零点，全国各地的标高以此为基准测出。相对标高是以建筑物的一层室内地面高度作为相对标高的零点，建筑的其他位置的高度以此为基准测出。建筑的绝对标高只标注在建筑的总平面图中，其他建筑图纸只需要标注相对标高。

标高符号为等腰直角三角形，用细实线绘制，三角形的直角点标注在建筑的测量点处，横线上书写该测量点的高度。绘图时，直角三角形高画4 mm，

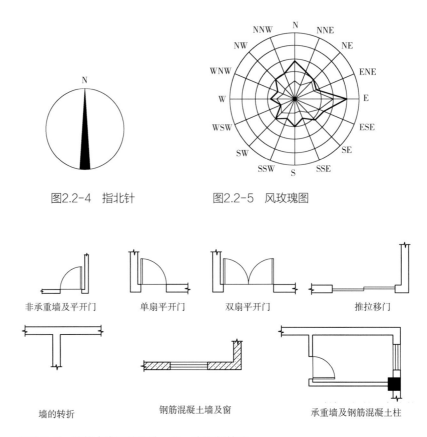

图2.2-4　指北针　　　　　图2.2-5　风玫瑰图

| 非承重墙及平开门 | 单扇平开门 | 双扇平开门 | 推拉移门 |

| 墙的转折 | 钢筋混凝土墙及窗 | 承重墙及钢筋混凝土柱 |

图2.2-6　建筑中常用的墙体、门、窗图例符号

名　称	图　例	说　明	名　称	图　例	说　明
自然土壤		包括各种自然土壤	混凝土	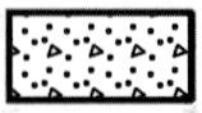	
夯实土壤			钢筋混凝土		断面图形小，不易画出图例线时，可涂黑
砂、灰土	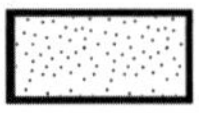	靠近轮廓线较密的点	玻　璃		
毛　石	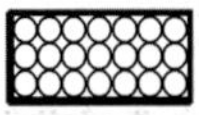		金　属	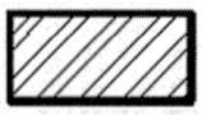	包括各种金属。图形小时，可涂黑
普通砖	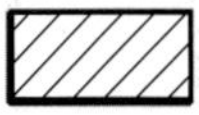	包括砌体、砌块，断面较窄不易画图例线时，可涂红	防水材料		构造层次多或比例较大时，采用上面图例
空心砖	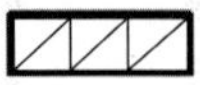	指非承重砌体	胶合板	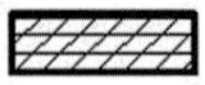	应注明x层胶合板
木　材		上图为横断面，下图为纵断面	液　体	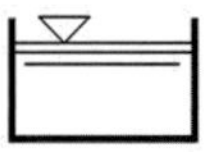	注明液体名称

图2.2-7　建筑图例符号

直线画15 mm长，标高数字以米（m）为单位，精确到小数点后3位，建筑零点的标高应书写为±0.000，正数标高不写"+"号，负数标高应写"-"号。

2.2.5 指北针和风玫瑰图符号

建筑工程图中的指北针是一个圆形符号，中间用箭头或"N"向上指为北，放置在建筑平面图中，作为确定建筑物坐落朝向的指示符号。指北针用细实线绘制，圆的直径为24 mm，"N"指针尾部宽度应为3 mm，需要用较大的直径绘制指北针时，指针尾部宽度应为直径的1/8。

风玫瑰图是用来描述某一地区风向风速分布的一种符号，可在建筑工程图纸中当作指北针使用。风玫瑰图因为样子像玫瑰状而得名，最常见的风玫瑰图是一个圆，圆上引出16条放射线，它们分别代表16个方位，每条直线的长度与这个方向的风的频度成正比。最长的直线方向表示该风向出现的频率最高。

2.2.6 建筑墙体、门、窗的表示方法

在建筑工程图纸中，为了制图的简便、统一，建筑墙体、门、窗的表示采用图例符号的形式绘制。

2.2.7 建筑图例符号

为了使建筑工程图制图简便、统一，国家的制图标准中规定了使用图形符号来代表建筑的构件和建筑材料。

2.3 建筑总平面图的识图与制图

建筑总平面图是一个新建筑与所在地块范围内总体布局的水平投影图，简称总平面图。

2.3.1 建筑总平面图的作用

建筑总平面图表达在建设规划红线范围内的地形、地貌和道路，以及新建建筑的位置、朝向与已有建筑、规划建筑、道路的位置关系。总平面图是新建建筑施工定位、土方工程、施工场地布置的主要依据，总平面图中列出该建筑的绿化率、建筑容积率、建筑密度等技术经济指标，为后续设计及施工图纸提供依据。

建筑总平面图由土方图、总平面布置图、竖向设计图、道路详图、绿化布置图及管线综合图组成。简单的建筑工程可以不画土方图、管线综合图，只将总平面布置图、竖向设计图、道路详图及绿化布置图绘在一张图样中。

2.3.2 建筑总平面图的识图内容

根据《建筑工程设计文件编制深度规定》，总平面图中应表示以下内容：

①图样的比例、图例及相关文字说明。一般建筑总平面图由于范围较大，故采用较小的比例尺，如1∶500、1∶1 000、1∶2 000等。

②规划红线。建设用地的范围称为规划红线，也称建筑红线。它是城市建设规划图上划分建设用地和道路用地的分界线，一般用红色线来表示，故称为"红线"。

③总体布局。在建筑总平面图中表示出建筑的相对位置、用地的范围、地形、地貌、周围的道路及绿化等内容。

④总平面图中的房屋图样有三种类型：一是已建建筑，用粗实线表示；二是新建建筑，用双粗线表示；三是规划建筑，用中虚线表示。

⑤新建筑的定位。小型建筑可通过与原有建筑或道路的相对位置来进行定位，规模较大的建筑则要通过定位坐标来进行建筑物的定位。总平面图中，要表示出新建筑的平面外包总尺寸、建筑与周边道路的距离尺寸。总平面图的标注尺寸以米（m）为单位。

⑥建筑的绝对标高和相对标高。建筑总平面图中应标注绝对标高，一般要标注出建筑首层的室内地坪和室外地坪的绝对标高。不同高度的地坪应分别标注。此外，还应在建筑首层的室内地坪标注为建筑相对标高的零点。建筑物的层数一般标注在建筑平面的右上角，用数字表示。例如，建筑物总高为6层，就标注为"6F"。

⑦绿化图例。在建筑总平面图中要标注出场地内的绿化布置形式，乔木、灌木的数量与建筑的位置关系等。

⑧指北针或风玫瑰图。可以了解建筑的方位、朝向，以及该地区的常年风向频率。

⑨技术经济指标。在建筑总平面图上通过列表表示出建筑的总面积、建筑密度、车位泊数等。

2.3.3 建筑总平面图的制图步骤

根据图纸大小和建筑红线范围的实际尺寸确定图纸的绘图比例。一般建筑总平面图采用1∶500或1∶1 000的比例。选择图面布局时，应在图纸上留出尺寸标注的空间。

①画出建筑总平面图的建筑红线范围、道路的位置。

②根据新建筑到建筑红线的尺寸以及建筑的轮廓形状外包尺寸画出新建筑的位置和图形大小。

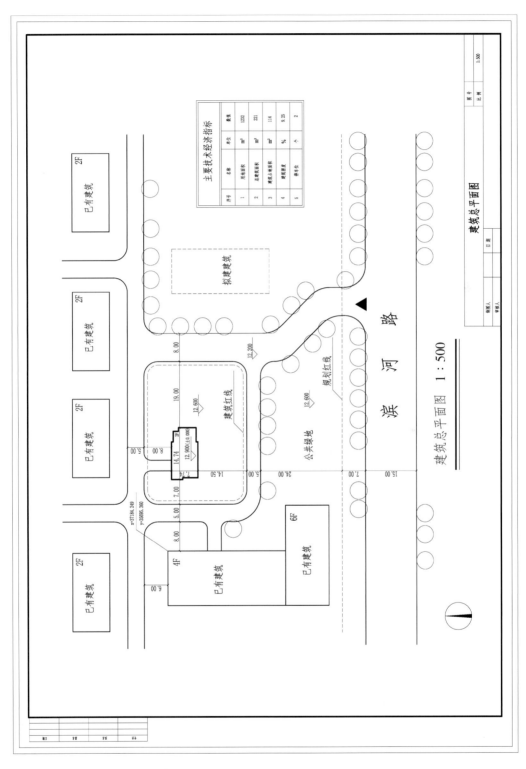

图2.3-1 建筑总平面图

③根据新建筑到原有建筑的尺寸关系，画出原有建筑和拟建建筑以及地块内的绿化符号。

④画指北针、室内外标高、建筑的定位坐标、建筑的尺寸、建筑的层数、文字标注及技术经济指标等。

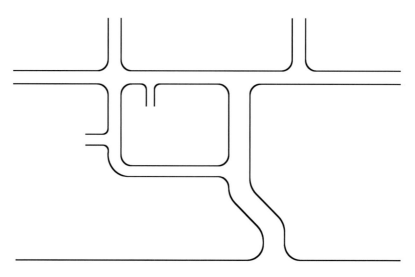

图2.3-2　建筑总平面图制图步骤（1）

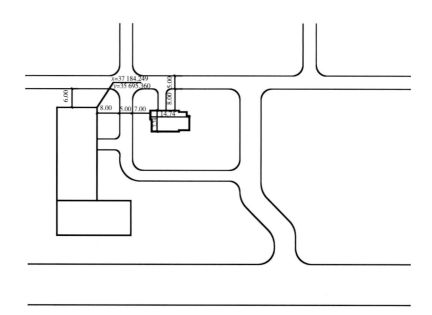

图2.3-3　建筑总平面图制图步骤（2）

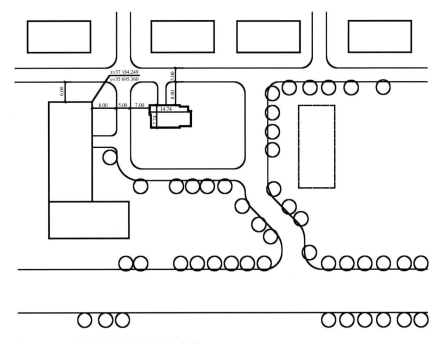

图2.3-4　建筑总平面图制图步骤（3）

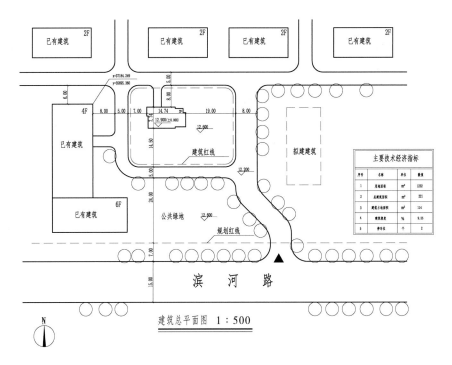

图2.3-5　建筑总平面图制图步骤（4）

作业练习一

1. 建筑的主要构成部分有哪些？它们的各自作用分别是什么？

2. 根据图2.3-1，抄绘建筑总平面图。

2.4 建筑平面图的识图与制图

建筑平面图是建筑工程图中最基本、最主要的图纸，它从整体上表达了建筑物全部构件的平面位置。建筑平面图不同于建筑总平面图，它其实是一个水平方向的剖面图。

2.4.1 建筑平面图的形成原理

建筑平面图是一个剖面图，它是假设用一个剖切面将建筑物水平剖切开，剖切面沿着门窗洞上的位置，以保证剖切到建筑中的门、窗、柱等主要的物体，然后将剖切开的上半部分建筑移去，保留剖切面以下的建筑部分，然后作水平方向的正投影图，从而得到建筑的平面图。

2.4.2 建筑平面图的作用

建筑平面图反映建筑物的平面形状，建筑的长宽尺寸，墙与柱的位置，建筑内部房间的分隔，以及建筑门窗的位置和大小等情况。建筑平面图是建筑工程图纸中最为基础的图样，是建筑施工和其他工种施工的主要依据，也是建筑立面图和建筑剖面图的设计与绘图依据。

2.4.3 建筑平面图的分类

一般一栋建筑有几层就应该画几个平面图，并在图样的下方标注图名，如底层平面图、二层平面图和三层平面图等。如果楼层中的某几个楼层建筑的布局内容都完全一样，那么，相同的楼层可用同一个平面图表示，称为标准层平面图。建筑的屋顶平面图是房屋顶面的水平投影图，不需要剖切。

2.4.4 建筑平面图的识图内容

建筑平面图上所绘制的内容可分为图形与符号、文字说明、尺寸标注三大部分。底层平面图除了要画出一层建筑室内的内容外，还应画出一层建筑的室外内容，如台阶、花池、散水等。其他楼层的平面图则需要画出室外的雨篷和阳台。

①从建筑平面图中的图名等信息，可了解是建筑哪一层的平面图，比例是多少。

在AR学习平台APP中，通过案例3的动画过程教学来学习建筑平面图的形成。

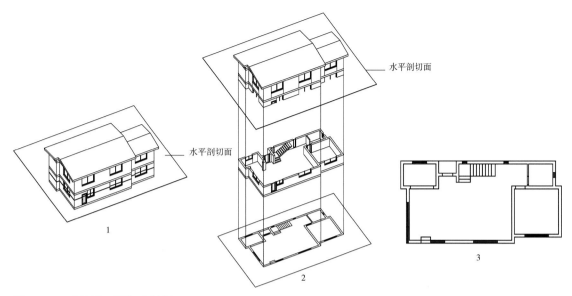

图2.4-1 建筑平面图的形成过程

②在底层平面图中画有指北针，可表明建筑的朝向。

③从建筑平面图的形状与总的长宽尺寸，可计算出房屋的建筑面积。

④从建筑平面图中墙的分隔情况和房间的名称，可了解房屋的用途、数量及相互关系。

⑤从定位轴线的编号及间距，可了解承重构件的位置及房间的大小。

⑥在底层平面图中，室内应有±0.000的相对标高，室外地坪应有相对标高，可得出底层室内外地面的高度差。

⑦建筑平面图中，应画出被剖切墙体的轮廓，可以知道各个墙体的宽度和属性。

⑧建筑平面图中的门和窗应按照图例画出，并标注符号，门用"M"表示，窗用"C"表示，相同的门窗编号一致，通过平面图可以看到门窗的位置和尺寸大小。

⑨建筑平面图中，还可看到楼梯等设施的位置和组成的构件。

⑩建筑平面图中的尺寸标注应有三道：第一道表示建筑外轮廓的总体尺寸，从一端外墙边到另一端外墙边；第二道尺寸表示建筑轴线间的距离，用以说明建筑的开间和进深的尺寸；第三道尺寸表示各细部的位置和大小，如门窗的位置、大小，柱的位置、大小等。

⑪在底层平面图中，应表示出室外台阶、花池和散水的位置、大小。

⑫在底层平面图中，应画出剖切符号，剖切面选在层高空间变化较多且具有代表性的部位。

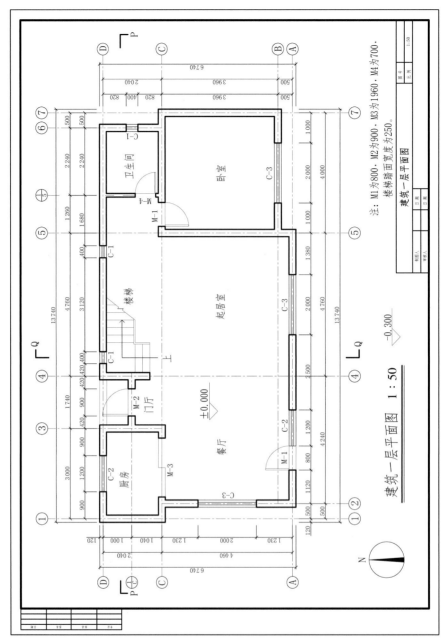

注：M1为800，M2为900，M3为1960，M4为700，楼梯踏面宽度为250。

建筑一层平面图 1：50

图2.4-2 建筑一层平面图

2.4.5 建筑平面图的制图步骤

根据图纸大小和建筑的实际尺寸确定绘图比例。一般建筑平面图采用1：50、1：100、1：200的比例。选择图面布局，留出标注尺寸的空间。

①首先画出建筑定位轴线和附加轴线或墙体中心线。

②根据建筑的承重及墙体的结构，绘制墙体的厚度线。

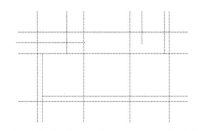

图2.4-3 建筑一层平面图制图步骤（1）

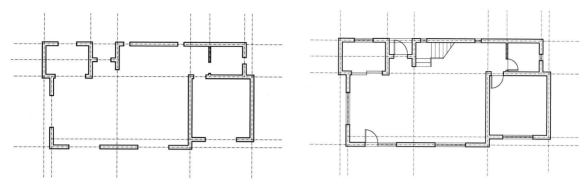

图2.4-4 建筑一层平面图制图步骤（2）　　图2.4-5 建筑一层平面图制图步骤（3）

③画出门窗洞的位置、大小，柱子的位置、大小，台阶、楼梯等其他可见物的轮廓。严格按照平面图线型的要求，线型粗细要分明，凡是被剖切的墙体、柱等物体的截面轮廓线用粗实线表示，没有被剖切到的物体轮廓线，如门窗开启线、台阶、踏步、窗台等用中实线表示，物体的细节和尺寸标注线等用细实线表示。

④按照尺寸标注的要求进行尺寸标注，先标小尺寸，再标大尺寸。最后绘制剖切符号、指北针等其他图例，注写图名比例、文字说明。

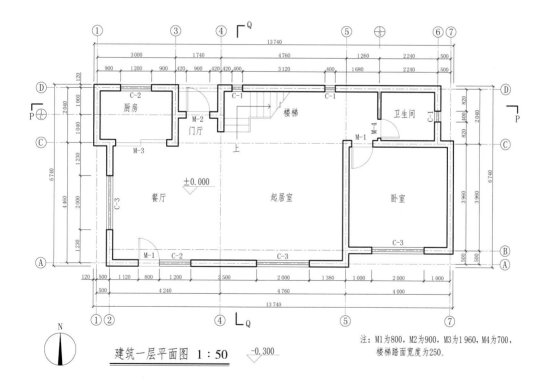

图2.4-6 建筑一层平面图制图步骤（4）

作业练习二

1. 根据图2.4-7，抄绘建筑二层平面图。

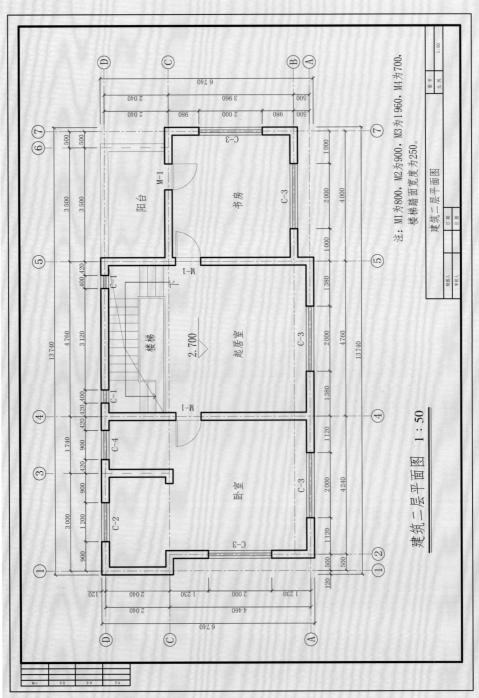

图2.4-7 建筑二层平面图练习

2. 根据图2.4-8，抄绘建筑屋顶平面图。

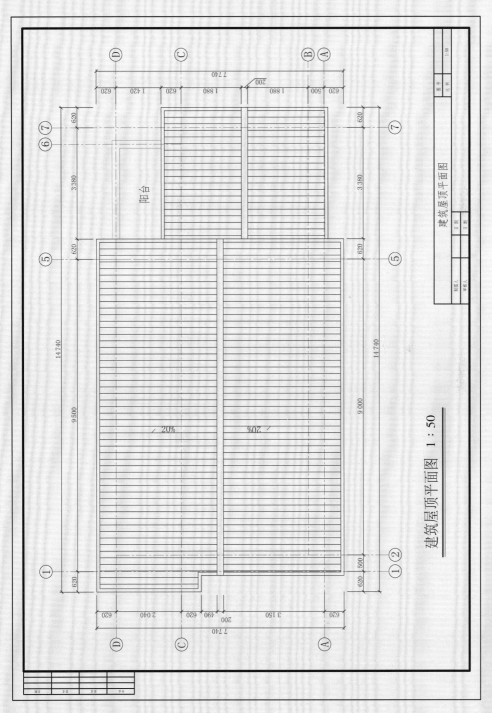

图2.4-8 建筑屋顶平面图练习

2.5 建筑立面图的识图与制图

建筑立面图是建筑物外观立面的投影图，建筑立面图上的内容和尺寸要依据建筑平面图进行设计绘制。建筑立面图和建筑平面图一起组成了建筑工程图纸的主要部分。

2.5.1 建筑立面图的形成原理

用垂直于建筑物某一个立面的平行光在垂直投影面上所生成的正投影图，称为建筑立面图，简称立面图。

建筑立面图有两种命名方法，可用建筑的朝向命名，如建筑东立面图、建筑西立面图等，也可用轴线符号来命名，如建筑1—8立面图、建筑A—P立面图等。

2.5.2 建筑立面图的作用

建筑立面图主要反映建筑的外观、外貌，门窗的形式与位置，建筑各层的高度，以及建筑外立面的装修材料、色彩和立面的施工做法等。

2.5.3 建筑立面图的识图内容

①从图名中可得知建筑立面的朝向。

②从图样中可得知建筑立面的外貌和层数，了解屋面样式、门窗样式、雨篷、阳台、台阶及花池等细节的分布和形状。

③从立面图的标高中可了解建筑的总高和每层的层高等。一般应在室外地坪、一层出入口地面、勒脚、窗台、门窗顶、檐口及屋顶处进行相对标高。

④图上应标注外墙表面的装修做法，立面图上应将看见的细节局部都表示出来。由于立面图的比例较小，门窗、屋檐、阳台、栏杆等可用图例符号来表示。

⑤建筑立面图中一般不绘制阴影和配景等。

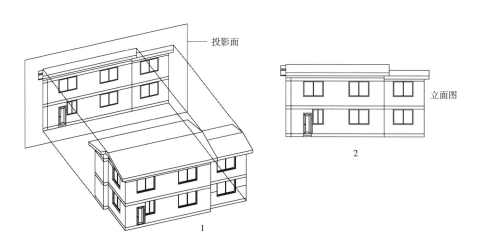

图2.5-1　建筑立面图的形成

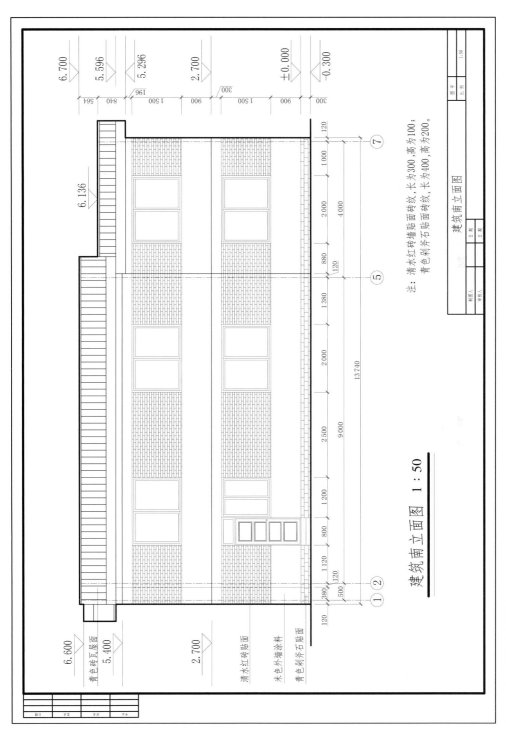

建筑南立面图 1 : 50

注：清水红砖墙贴面砖纹，长为300，高为100；
青色剁斧石贴面砖纹，长为400，高为200。

建筑南立面图

图2.5-2 建筑南立面图

2.5.4　建筑立面图的制图步骤

根据建筑高度和宽度以及图纸大小，确定图纸绘图比例。立面图的比例常用1∶50或1∶100，选择图面布局，留出标高空间。

①画地平线、外墙定位轴线或中心线、外墙的外轮廓线、屋顶高度线及屋面高度线等。

②画出建筑每层的高度，门窗的位置、宽度、高度，以及出檐的宽度和厚度。

③绘制门窗、屋檐、雨篷、阳台、台阶及花池等细节。

按照线型要求加粗图线。在立面图中，为了使外形清晰、层次分明，需要选用不同的线型。外墙、屋脊轮廓用粗实线表示，勒脚、窗台、阳台、雨篷、台阶等轮廓用中实线表示，门窗扇、栏杆等细节用细实线表示。

④进行建筑标高，尺寸标注，注写图名和比例。

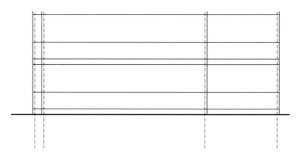

图2.5-3　建筑南立面图制图步骤（1）

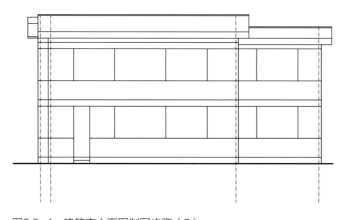

图2.5-4　建筑南立面图制图步骤（2）

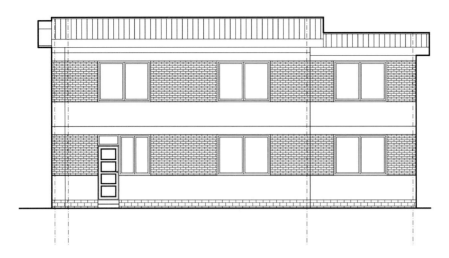

图2.5-5　建筑南立面图制图步骤（3）

建筑南立面图 1：50

注：清水红砖墙贴面砖纹，长为300，高为100；
　　青色剁斧石贴面砖纹，长为400，高为200。

图2.5-6　建筑南立面图制图步骤（4）

作业练习三

1. 根据图2.5-7，抄绘建筑的东立面图。

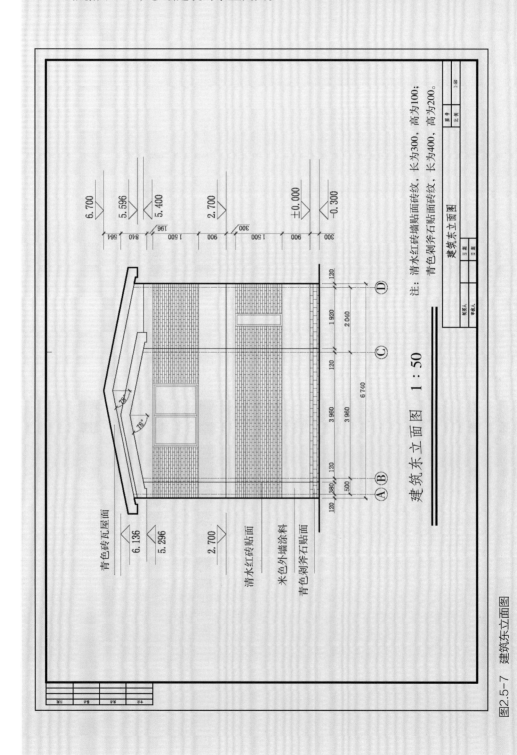

图2.5-7 建筑东立面图

2.根据图2.5-8，抄绘建筑的西立面图。

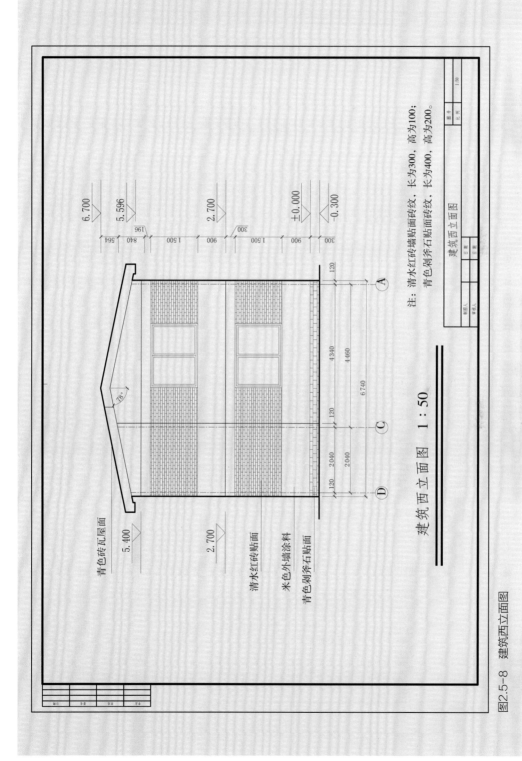

图2.5-8 建筑西立面图

3. 根据图2.5-9，抄绘建筑的北立面图。

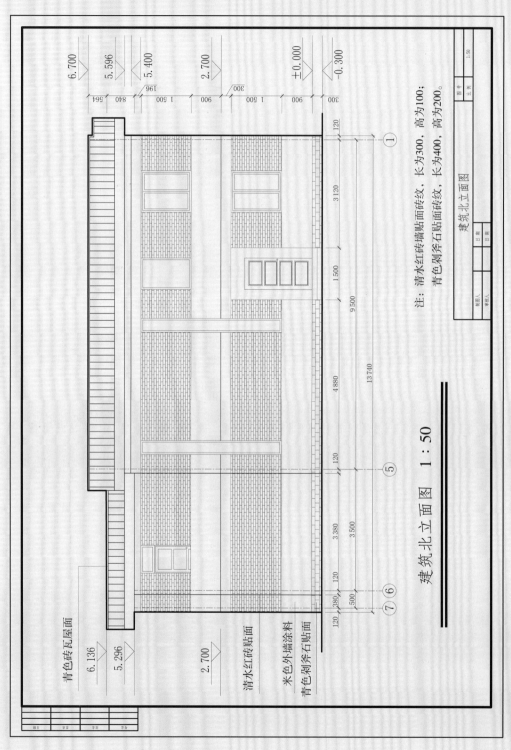

建筑北立面图　1：50

注：清水红砖墙贴面砖纹，长为300，高为100；
青色剁斧石贴面砖纹，长为400，高为200。

图2.5-9　建筑北立面图

2.6 建筑剖面图的识图与制图

建筑剖面图是建筑在垂直方向的剖面图，是用来表达建筑内部构造状况的重要图样。建筑剖面图与建筑平面图相结合，共同表现出建筑的内部结构关系。建筑剖面图是建筑工程图纸的重要组成部分。

2.6.1 建筑剖面图的形成原理

建筑剖面图是用一个垂直于地面的铅垂切面将建筑竖向剖开，移去其中的一部分，对剩下的部分作垂直面上的正投影，所得的投影图称为建筑剖面图，简称剖面图。

建筑剖面图的剖切位置一般选择在能充分表现出建筑内部构造，建筑结构比较复杂、典型的部位，并且应该切过建筑门窗洞的位置。如为多层建筑，还应剖切过楼梯间处。剖面图的剖切符号要在建筑平面图中标注准确 的位置，以便于结合剖面图对应识图。建筑剖面图的数量应该视建筑的复杂程度和实际需要而定，简单的建筑一般一个剖面图就可以满足设计要求。

2.6.2 建筑剖面图的作用

建筑剖面图反映建筑的内部结构、各个楼层的分层情况、房间之间的关系、室内外的高度差、屋顶的样式和坡度等。

2.6.3 建筑剖面图的识图内容

①从图名、轴线编号及平面图上的剖切符号的位置相互对照，可看到剖面图中剖切位置所经之处表示的内容。

②剖面图中，被剖切开的构件或截面应画上材料图例。

③剖面图中，应画出从地面到屋面的内部构造、结构形式、位置及相互关系。

④图上应标注建筑的内部尺寸与相对标高。

⑤建筑的地面、墙体和屋面的构造材料应用文字加以说明。

⑥建筑倾斜的屋面应用坡度来表示倾斜的角度。

⑦有需要详图索引的结构部位，应画出详图索引符号。

AR学习平台

在AR学习平台APP中，通过案例4的动画过程教学来学习建筑剖面图的形成。

2.6.4 建筑剖面图的制图步骤

根据建筑的高度、宽度以及图纸大小确定图纸比例。剖面图的常用比例为1∶50或1∶100，选择图面布局，留出标注空间。

①先画出室外地坪线，再画出墙体的中心线、每层高度线、楼板厚度线、屋顶结构线等。

②绘制剖切开的墙体、楼板、楼梯、屋面的轮廓线，以及没有剖切开的建筑结构线。

③绘制门窗洞的位置、高度、宽度等，绘制建筑剖面图中的细节。

④按照线型要求，加粗图线。被剖切开的外墙和屋顶用粗实线表示，没有被剖切到的部分用中实线表示，其他细节用细实线表示。最后进行建筑标高、尺寸标注、文字标注、比例及图名标注。

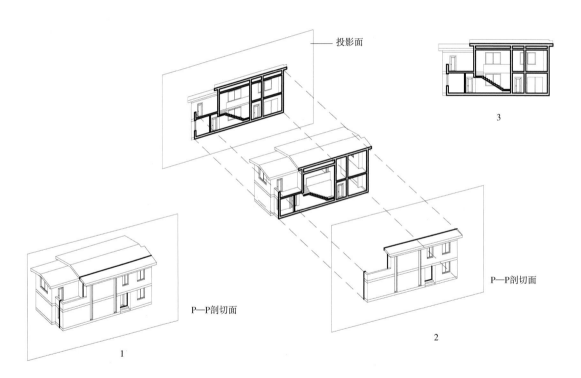

图2.6-1　建筑剖面图的形成

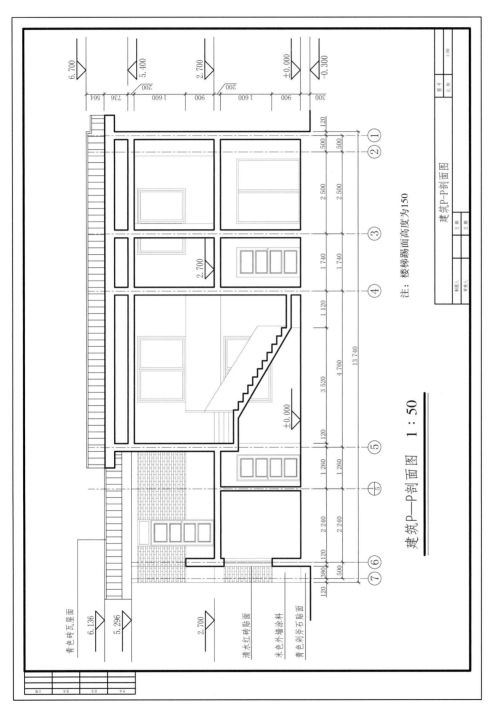

图2.6-2 建筑 P—P 剖面图

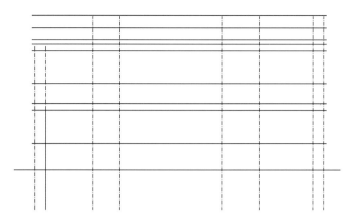

图2.6-3　建筑P—P剖面图制图步骤（1）

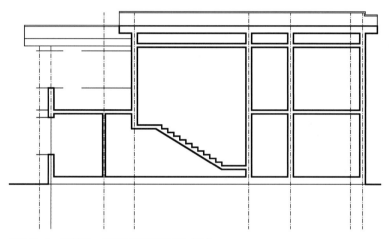

图2.6-4　建筑P—P剖面图制图步骤（2）

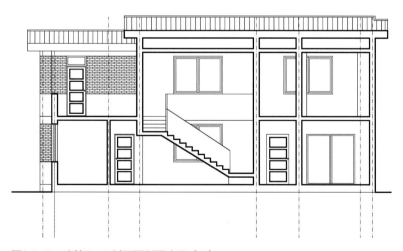

图2.6-5　建筑P—P剖面图制图步骤（3）

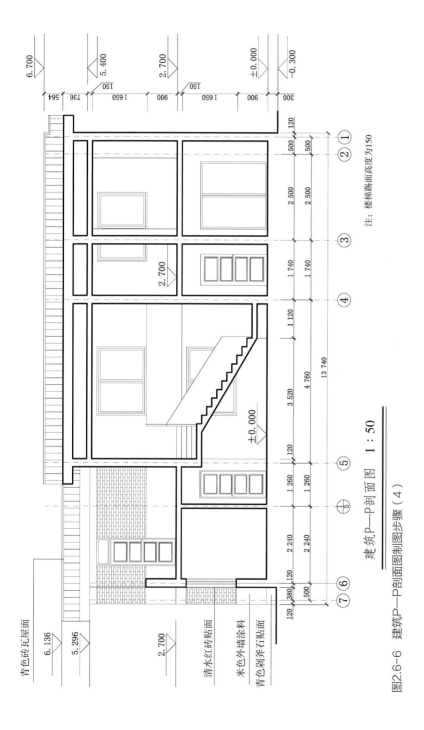

建筑P—P剖面图 1∶50

图2.6-6 建筑P—P剖面图制图步骤（4）

作业练习四

1. 根据图2.6-2，抄绘建筑剖面图。

2. 根据图2.6-7，抄绘建筑剖面图。

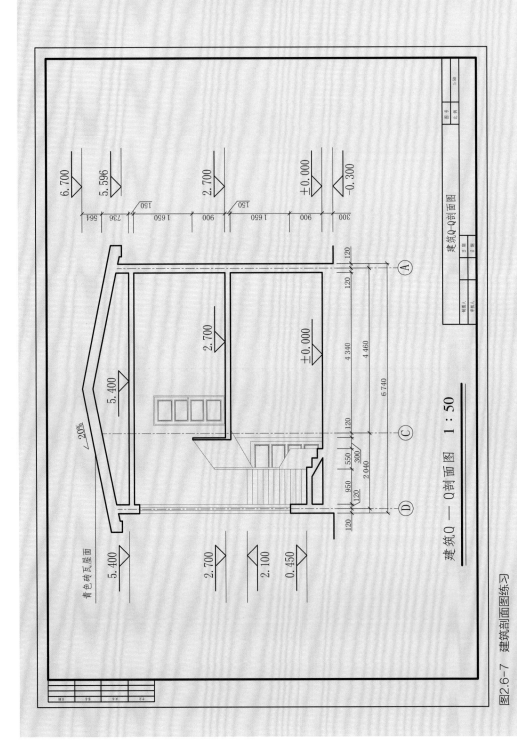

图2.6-7 建筑剖面图练习

2.7 楼梯详图的识图与制图

建筑平面图、立面图和剖面图是建筑工程图中最基本的图样，它们反映了建筑的全局。由于它们采用的比例较小，建筑的某些细节和构件无法表达清楚，因此，需要用较大的比例图样作为补充。这种局部放大比例的图样，称为建筑详图。建筑详图的数量根据建筑物的复杂程度和设计要求而定。其中，楼梯详图是建筑详图的重要组成部分。

2.7.1 楼梯的分类与组成

楼梯是建筑中的垂直交通设施，是建筑的重要组成部分。楼梯按照材料，可分为钢筋混凝土楼梯、钢楼梯和木楼梯等；按照使用性质，可分为主要楼梯、辅助楼梯、疏散楼梯及消防楼梯等；按照平面组织形式，可分为单段直楼梯、双段直楼梯、双段平行楼梯、双段折型楼梯、三段折型楼梯及旋转楼梯等。

楼梯一般由楼梯段、楼梯平台、中间平台及栏杆扶手组成。

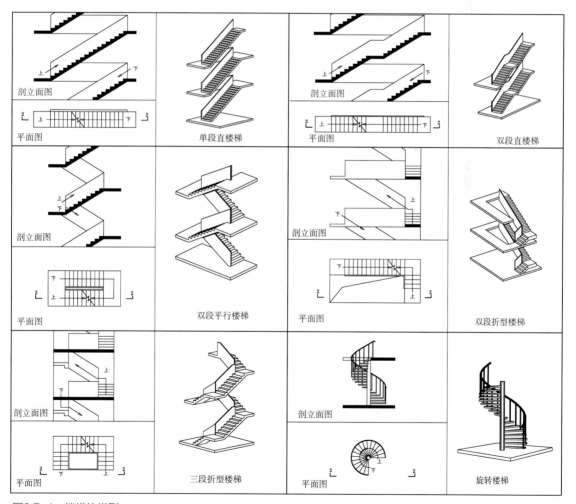

图2.7-1 楼梯的类型

2.7.2 楼梯详图的组成

楼梯详图一般包括楼梯平面图、楼梯剖面图和踏步详图等。绘图时，尽可能画在同一张图纸内。楼梯平面图和楼梯剖面图的比例要一致，以便对照阅读。

2.7.3 楼梯平面图

（1）楼梯平面图的形成

用假想的水平切面，在由该层往上走的第一楼梯段（楼梯平台与中间平台）的第六个台阶位置水平剖切，将上一部分移去，对留下部分所作的水平正投影图称为楼梯平面图。楼梯平面图一般画出首层、中间层和顶层三个平面图即可。

（2）楼梯平面图的识图内容

①从图名中可以了解是哪一层的楼梯平面。

②在平面图中，应标注出楼梯间的开间和进深尺寸以及平台的标高。通常把楼梯段长度尺寸与踏步数、踏面宽的尺寸合并写在一起。

③各层被剖切到的楼梯段用一根斜45°折线表示，在每一梯段画一个箭头，注明"上"或"下"和踏步级数，表示从该层往上或往下走多少步级可以到达下一层。

④在底层楼梯平面图中，应标明楼梯剖面图的剖切位置及剖视方向。

（3）楼梯平面图的制图步骤

根据图纸大小和楼梯平面的实际尺寸，确定绘图比例。一般楼梯平面图采用1∶50或1∶100的比例。选择图面布局，留出尺寸标注的空间。

①绘制楼梯所在墙体的定位轴线。

②绘制墙体的厚度线、楼梯踏步线、楼梯平台、中间平台及楼梯扶手等细节。

③根据线型要求，剖切开的轮廓用粗实线加重，其他结构用中实线绘制。进行尺寸标注，文字标注，书写图名、比例等。

在AR学习平台APP中，通过案例5的动画过程教学来学习建筑楼梯平面图的形成。

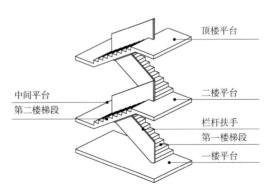

图2.7-2 楼梯的组成

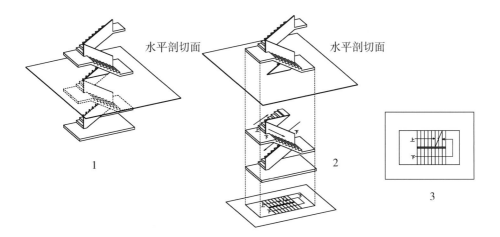

图2.7-3　楼梯平面图的形成

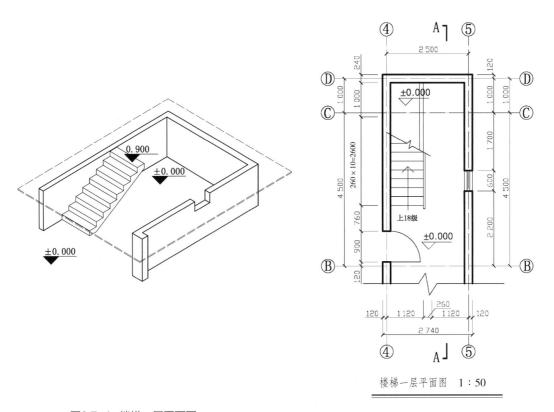

楼梯一层平面图　1：50

图2.7-4　楼梯一层平面图

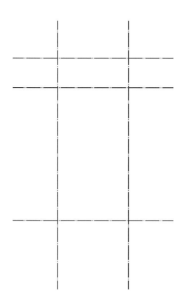

图2.7-5　楼梯一层平面图制图步骤（1）

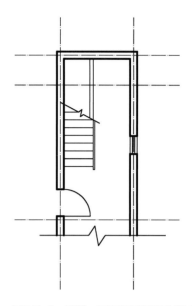

图2.7-6　楼梯一层平面图制图步骤（2）

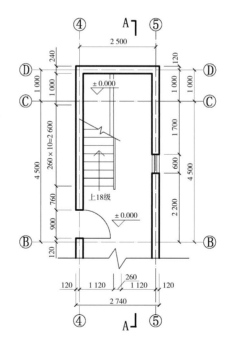

楼梯一层平面图　1∶50

图2.7-7　楼梯一层平面图制图步骤（3）

2.7.4 楼梯剖面图

（1）楼梯剖面图的形成

假想用一个铅垂面通过各层的楼梯段和门窗洞，将楼梯竖直剖开，将前面部分移去，后面部分在垂直面上的正投影图称为楼梯剖面图。

楼梯的剖面图要完整清晰地表示出各层梯段、平台、栏杆的构造及相互关系。一般楼梯剖面图只画底层、中间层和顶层楼梯剖面，中间用折断线分开，楼梯间的屋面可以不画。

（2）楼梯剖面图的识图内容

①在剖面图中，应注明地面、平台面、楼梯层的标高及栏杆的高度。

②在剖面图中，应清楚表达楼梯段的段数、步级数和楼梯的类型结构形式。

③楼梯剖面图的尺寸标注和平面图一样，高度尺寸中除标高外，还应注明步级数。

④楼梯剖面图中应对踏步的细节进行踏步详图的绘制，编写索引符号和详图编号。

（3）楼梯剖面图及踏步详图的制图步骤

根据图纸大小和楼梯高度的实际尺寸，确定绘图比例。一般楼梯剖面图采用1∶50、1∶100的比例。选择图面布局，留出尺寸标注的空间。

①绘制地面线和楼梯所在墙体的定位轴线。

②绘制墙体的厚度线、楼梯踏步线、楼梯平台、中间平台及楼梯扶手等细节。

③绘制楼梯踏步详图，根据线型要求调整图线，最后进行尺寸标注、文字标注，标注详图符号与索引符号，书写图名比例（详图符号与索引符号的规范详见本书3.2.2）。

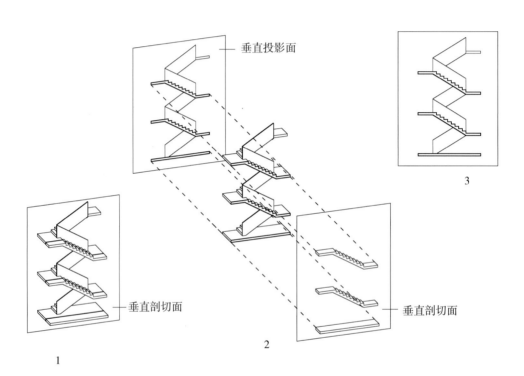

图2.7-8 楼梯剖面图的形成

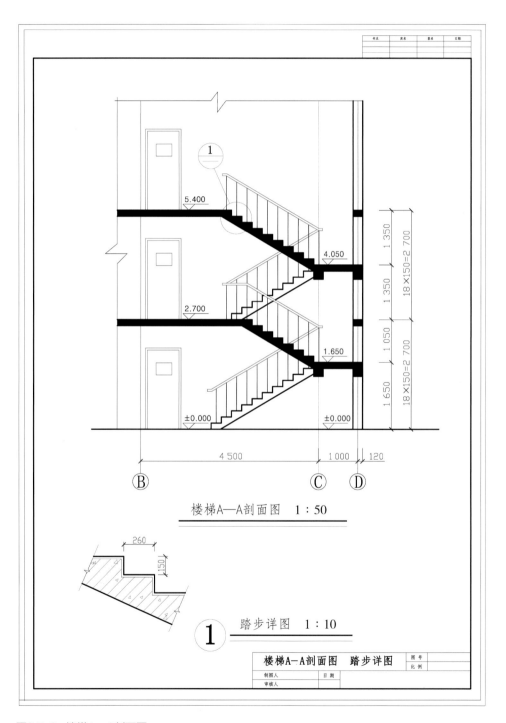

图2.7-9　楼梯A—A剖面图

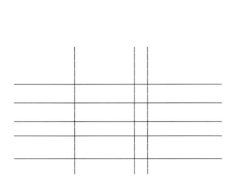

图2.7-10 楼梯A—A剖面图制图步骤（1）

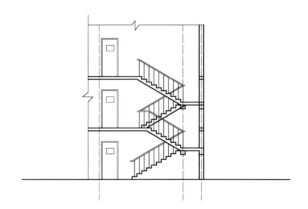

图2.7-11 楼梯A—A剖面图制图步骤（2）

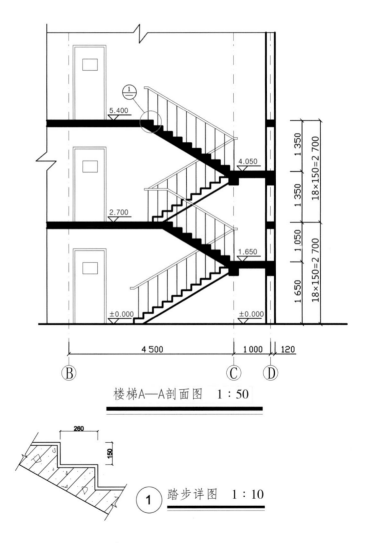

图2.7-12 楼梯A—A剖面图制图步骤（3）

作业练习五

1. 根据图2.7-13~图2.7-15，抄绘各层楼梯平面图。

2. 根据图2.7-9，抄绘楼梯剖面图。

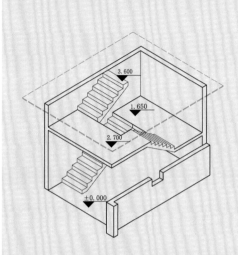

图2.7-13　楼梯作业练习（1）

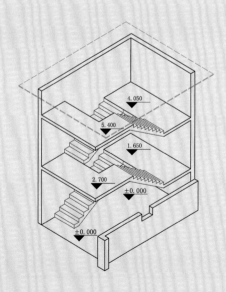

图2.7-14　楼梯作业练习（2）

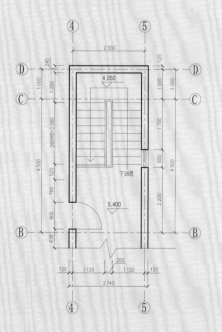

楼梯二层平面图　1：50

楼梯顶层平面图　1：50

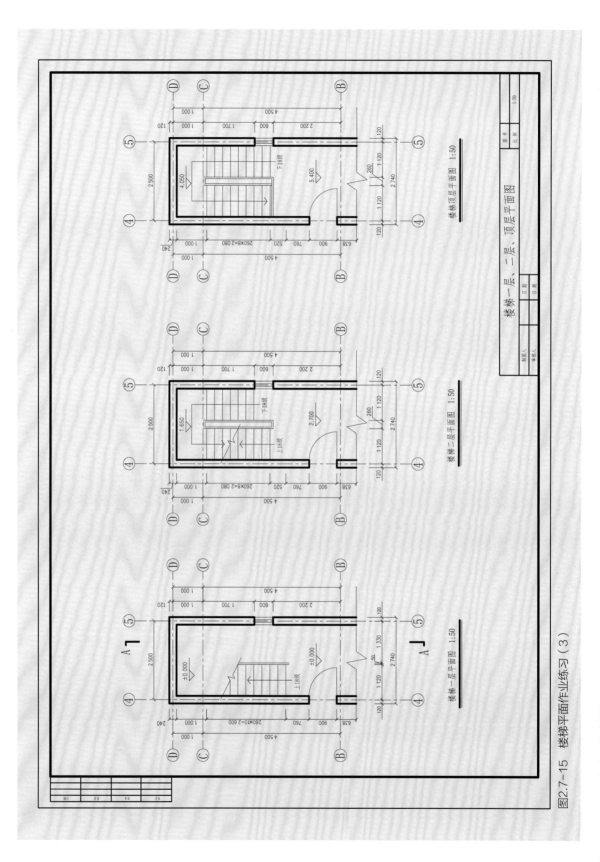

图2.7-15　楼梯平面作业练习（3）

3 | 室内工程图的识图与制图

室内设计是对建筑内部空间的设计，是环境设计的重要组成部分，也是建筑设计的延续。室内工程图是设计师表达设计意图的基本方式，是设计师与建设方、施工方交流技术信息的专业语言，也是室内工程施工的重要依据。室内工程制图套用《房屋建筑制图统一标准》（GB／T 50001—2017），但是室内设计作为建筑设计的深化，它在表现内容和方法上有着自身的特点。概括地讲，建筑工程图主要表达的是有关建筑设计和建筑施工中所需的技术内容，而室内工程图则主要表达建筑建造完成后，对室内空间进行布局，以及在室内各个界面上进行装饰、装修以及施工工艺中需要的技术内容。了解这种区别对于掌握学习室内工程制图是很有必要的。

3.1 室内工程图的概念及组成

3.1.1 室内工程图的概念

与建筑设计一样，任何一个室内设计工程也都要经过室内设计和室内施工两个阶段。

室内设计是根据设计要求，将室内空间的设计构思，以图纸的形式表达出来的过程。所绘图纸称为室内工程图。室内施工是施工人员根据室内工程图纸，运用施工技术将室内装饰建造出来的过程。

室内设计的过程一般也分为方案设计、扩初设计和施工图设计三个阶段。三个阶段的室内工程图的绘图方法和制图标准都是一样的，区别在于它们图纸表达内容的深入程度不同。方案阶段的图纸内容最少，而室内施工图阶段的内容最多，其还包括室内给排水图、照明与电气电路图、空调系统图等。

3.1.2 室内工程图的组成

室内设计项目的规模大小、繁简程度各有不同，但其图纸的编制顺序则应遵守统一的规定。一般来说，成套的室内工程图要包含以下内容：封面、目录、文字说明、图表、平面布置图、地面装饰图、天花平面图、室内立面图、节点详图以及配套专业图纸等。

3.2 室内工程制图的标准及规范

3.2.1 室内家具的表示方法

室内工程图中，要表达出室内家具的位置、大小和数量。但是，由于室内工程图纸的比例较小，不同型号的家具、家电等设备的款式很难详细地表达出来。为了使室内工程图制图简便、统一，图纸中所涉及的家具、家电、设施及陈设等物品，均采用图例符号的形式绘制，并加以文字注明。

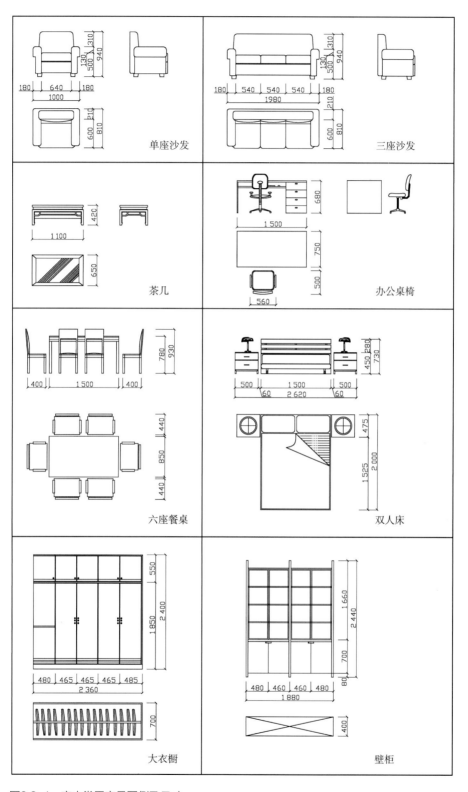

图3.2-1 室内常用家具图例及尺寸

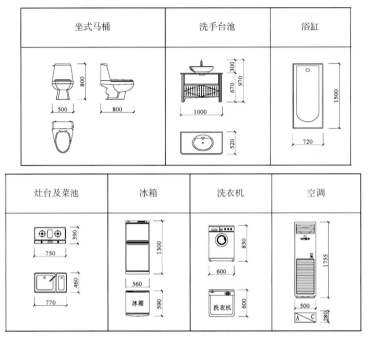

图3.2-2　室内常用设施图例及尺寸

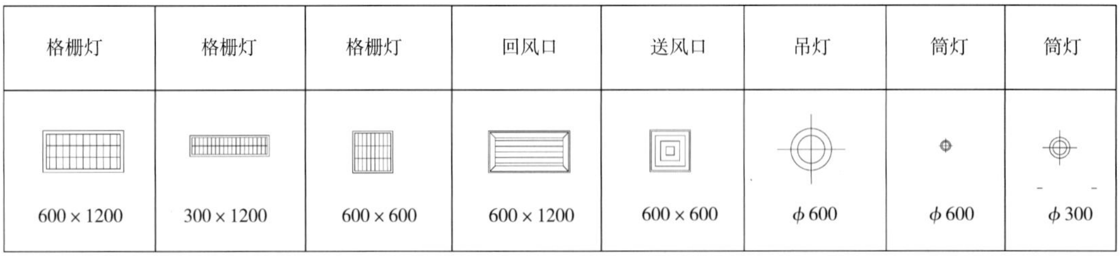

格栅灯	格栅灯	格栅灯	回风口	送风口	吊灯	筒灯	筒灯
600×1200	300×1200	600×600	600×1200	600×600	φ600	φ600	φ300

图3.2-3　室内天花设施图例及尺寸

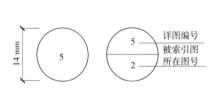

图3.2-4　详图符号

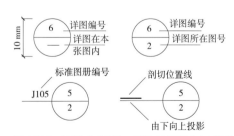

图3.2-5　索引符号

3.2.2 详图符号与索引符号

与建筑工程图中的建筑详图一样，室内工程图中需要表达某些装饰构造或家具设施的具体细节，在比例较小的图纸中就难以表达清楚。这样，就需要用另一张比例更大的图纸来进行说明。这种比例较大、内容更加详尽的图纸，称为室内详图。详图所出自比例较小的图纸，称为被索引图。详图和被索引图之间需要用详图符号和索引符号来索引。

详图应该用详图符号进行编号，详图符号是一个直径为14 mm的圆形，用粗实线绘制，里面用阿拉伯数字对详图进行编号。如果详图与被索引的图样在同一张图纸内，详图符号内用阿拉伯数字标注详图的编号即可。如果详图与被索引的图样不在同一张图纸内，应用细实线在详图符号内画一水平直径，在上半圆内标注详图的编号，下半圆内标注被索引图纸的图号。

被索引图需要标注索引符号，便于详图和被索引图样的相互对照。索引符号为直径10 mm的圆，用细实线绘制。如果详图与被索引的图样放在一张图纸内，索引符号的上半圆内用阿拉伯数字表示详图编号，下半圆内画一段水平细实线；如果详图与被索引图样不在同一张图纸上，索引符号的上半圆内用阿拉伯数字表示详图的编号，下半圆内用阿拉伯数字表示详图所在图纸的图号。索引出的详图如采用标准图，应在索引符号水平直径的延长线上加注该标准图册的编号。索引符号如用于索引剖视详图，应在被剖切的部位绘制剖切位置线，并绘制引出线，引出线所在的一侧应为投射方向，并标注索引符号。

3.2.3 平立面内视符号

在室内工程图纸中，为了表示室内立面图与平面图的对应位置关系，需要在室内平面图上标注内视符号。在内视符号中，注明视点位置、方向及立面图编号。内视符号中的圆圈应用细实线绘制，根据图面比例，圆圈直径可选择8~12 mm。立面编号宜用字母表示。

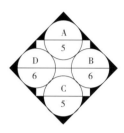

图3.2-6 室内常用内视符号

3.3 室内平面布置图的识图与制图

室内平面布置图是室内工程图纸中最重要的基础图纸，是一个室内设计项目中体现设计意图最为全面、最为直接的图纸。室内平面布置图反映室内设计的整体面貌，承载着室内设计工程的主要信息，是室内立面图、室内详图和室内效果图绘制的基础，是室内设计施工的重要依据。

3.3.1 室内平面布置图的形成

室内平面布置图与建筑平面图形成的原理相同，即用一个假想的水平切面沿着窗台上的位置将建筑水平剖切后，移去剖切平面以上的建筑部分，

在AR学习平台APP中，通过案例6的动画过程教学来学习室内平面图的形成。

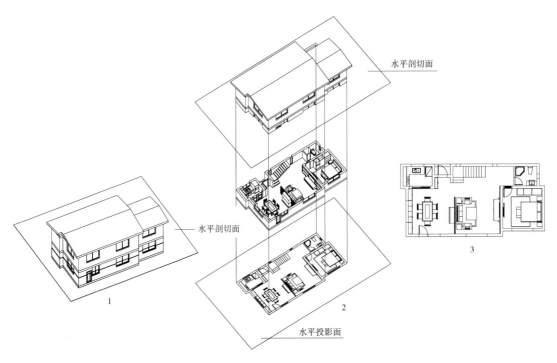

图3.3-1 室内平面布置图的形成

对剖切平面以下的部分，包括建筑墙体、室内门窗以及室内地面上摆设的家具、家电、设施等物体进行水平正投影，得到的投影图就是室内平面布置图，简称平面图。

3.3.2 室内平面布置图的作用

室内平面布置图主要表示室内的平面形状，室内建筑结构的构成状况，如墙体、柱子、楼梯、门窗的位置及大小，室内房间的分隔分布情况，以及室内家具、家电、设备的尺寸大小及位置关系等。

3.3.3 室内平面布置图的识图内容

室内平面布置图上所绘制的内容可分为图样、文字说明、尺寸标注三大部分。根据室内平面布置图可以知道室内的以下内容：

①表明室内房间的平面形状，建筑由几个房间组成，各个房间分布状况。

②表明室内门、窗的位置及其水平方向的尺寸大小。

③表示出所有室内家具、家电、设施及陈设等物品的水平投影形状、大小和摆放的位置，这些物品均采用图例符号绘制，并加以文字注明。

④平面布置图中的尺寸标注包括房间开间尺寸、固定家具的定型和定位尺寸、装修构造的尺寸等。

⑤平面布置图中，标注平立面图的内视符号、指北针符号、图名及比例。

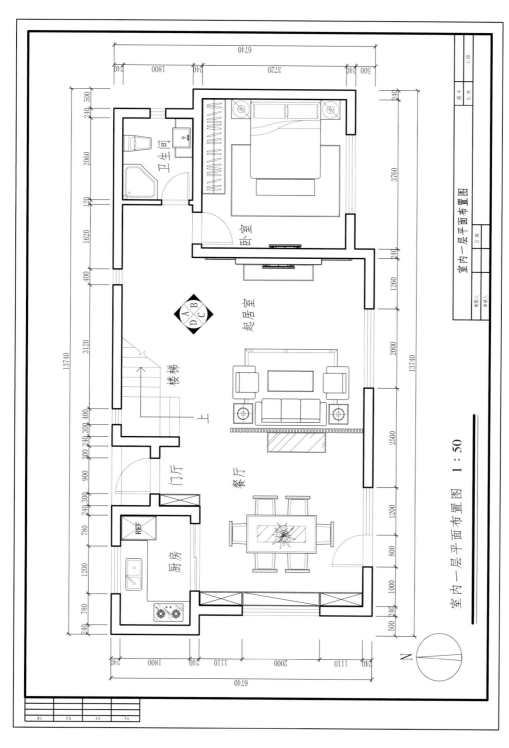

室内一层平面布置图 1:50

图3.3-2 室内一层平面布置图

3.3.4 室内平面布置图的制图步骤

根据图纸大小和室内房间的实际尺寸确定绘图比例，一般室内平面布置图采用1∶50或1∶100的比例。合理布局图面，留出尺寸标注的空间。

①先画出建筑的定位轴线，再绘制出内外墙体的厚度线，留出窗户和门的位置。

②按照门窗的图例符号，绘制室内的门窗。

③按照家具的图例符号，根据室内家具的布局，画出室内家具及其他室内设施。

④进行尺寸标注，绘制指北针、索引符号、内视符号以及文字标注，书写图名及比例。按照制图线型的要求，被剖切的墙体、柱等物体的截面轮廓线用粗实线表示，室内的家具、家电、门窗等设施用中实线表示，家具的细节和尺寸标注线等用细实线表示。

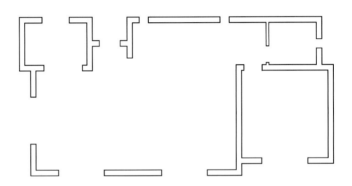

图3.3-3 室内一层平面布置图制图步骤（1）

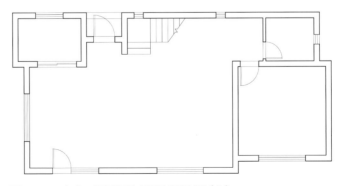

图3.3-4 室内一层平面布置图制图步骤（2）

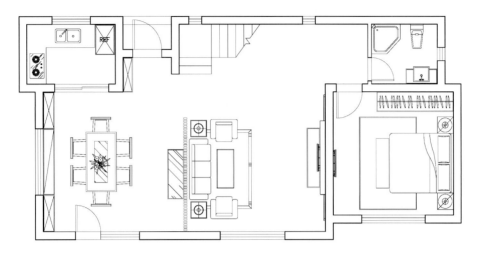

图3.3-5 室内一层平面布置图制图步骤（3）

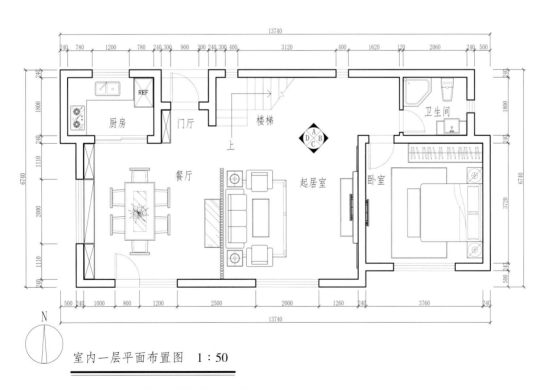

室内一层平面布置图 1：50

图3.3-6 室内一层平面布置图制图步骤（4）

3.4 室内地面装饰图的识图与制图

室内地面装饰图是室内平面图的一种。它是对室内地面进行材料装饰后，作出的地表面水平投影图。室内地面装饰图中不用出现室内的家具、家电等设备。对于地面装饰装修简单的室内设计工程，可以不必单独绘制室内地面装饰图，直接将地面装饰的内容在室内平面布置图中表现即可。

3.4.1 室内地面装饰图的作用

室内地面装饰图的主要作用就是表现室内地坪的装修装饰方法以及装饰材料的图样等。

3.4.2 室内地面装饰图的识图内容

室内地面装饰图单独成图时，需要在建筑室内平面图中，将设计方案采用的地面装饰材料的样式和规格大小用图样的方式绘制出来。当两个相连的房间采用不同的地面装饰材料时，应将门洞的位置用细实线连接，划分成两个不同的地面空间，分别进行地面材质的表示。当室内地面装饰图与室内平面布置图合并在一张图纸中时，只需要在室内布置图中露出地面的部分绘制地面装饰的图形图样即可。

3.4.3 室内地面装饰图的制图步骤

室内地面装饰图单独成图的制图步骤如下：

①先画出建筑的定位轴线，再绘制出内外墙体的厚度线，留出窗户和门的位置并用细实线连接。

②根据室内设计的方案要求，按照不同的地面装饰材料的图样、比例进行绘制，地面装饰一般使用细实线绘制。

③对不同的地面装饰进行文字标注（主要标注地面使用材料的名称、规格、色彩等信息），进行尺寸标注、符号标注，书写图名和比例。

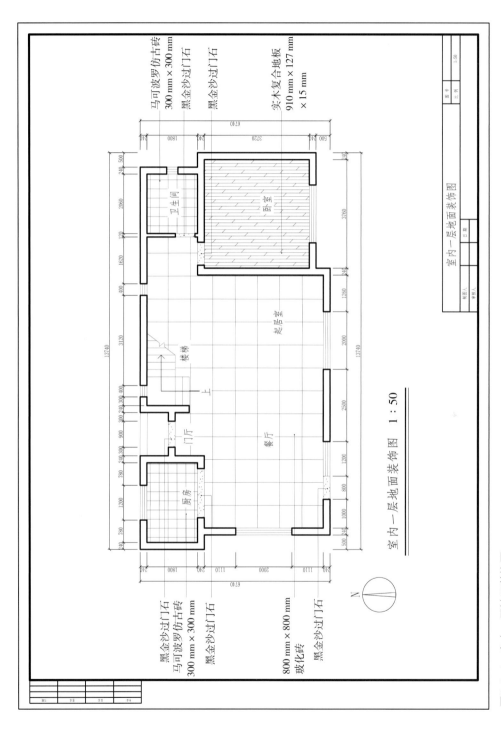

室内一层地面装饰图 1:50

图3.4-1 室内一层地面装饰图

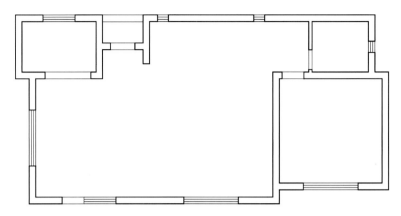

图3.4-2 室内一层地面装饰图制图步骤（1）

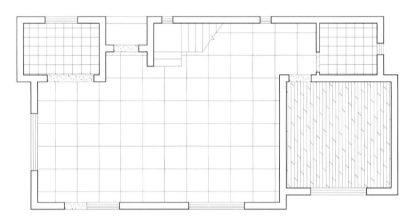

图3.4-3 室内一层地面装饰图制图步骤（2）

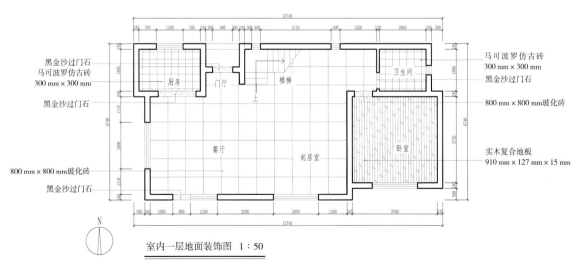

图3.4-4 室内一层地面装饰图制图步骤（3）

作业练习一

1.根据图3.4–5，抄绘室内二层平面布置图。

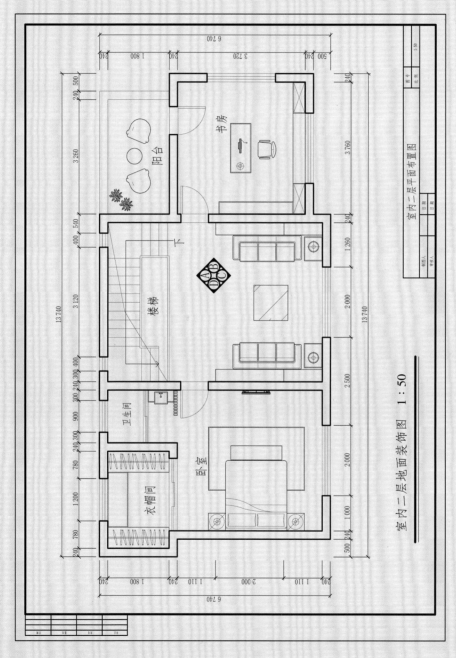

图 3.4–5 室内二层平面布置图

2.根据图3.4-6，抄绘室内二层地面装饰图。

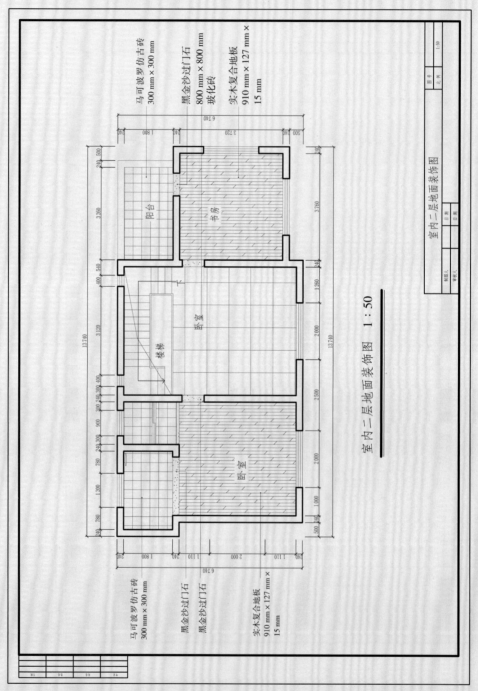

图3.4-6 室内二层地面装饰图

3.根据图3.4-7，抄绘室内一层平面图。

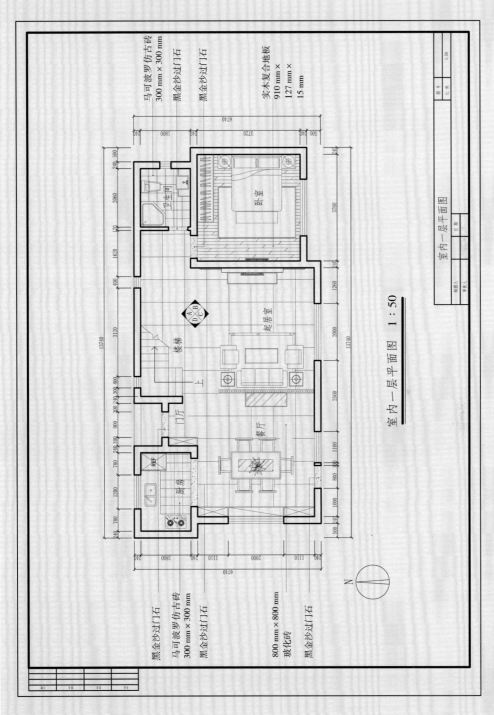

室内一层平面图 1：50

图3.4-7 室内一层平面图

4.根据图3.4-8，抄绘室内二层平面图。

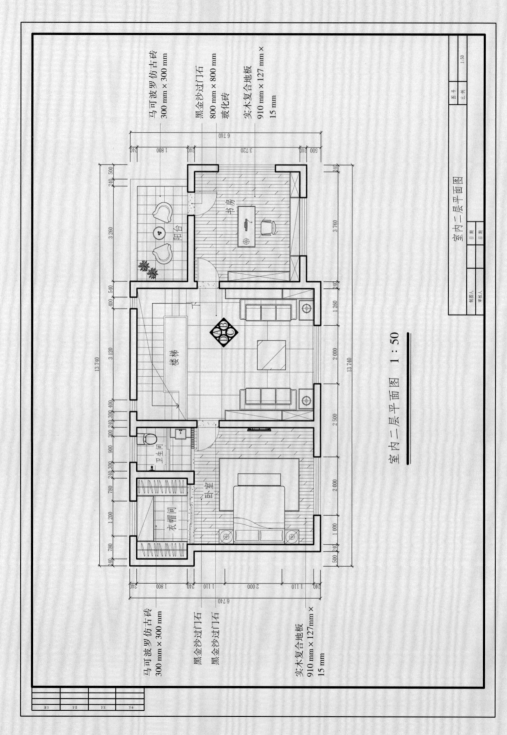

图3.4-8 室内二层平面图

3.5 室内天花平面图的识图与制图

室内天花平面图也是室内工程图纸中平面图的一种，又称顶面图或吊顶平面图。因为室内的顶面装修是现代室内设计不可缺少的重要组成部分，所以室内天花平面图是室内工程图纸中的重要内容。

3.5.1 室内天花平面图的形成

室内天花平面图有两种形成的方法，即镜像视图法和仰视投影法。镜像视图法就是把室内的地面设想成为一面与天花板相对的镜子，这样室内天花板上所有的天花造型、装修细节、灯具设施的布局都清楚地映射在镜面上，镜面呈现的图像是顶面的正投影图。由于镜像视图法得到的天花平面图可与室内平面布置图相对应，现在一般都使用镜像投影法绘制天花平面图。仰视投影法是将房间进行水平剖切后，对剖切平面上半部分（天花部分）作仰视方向的正投影，得到的投影图为仰视投影天花平面图。使用仰视投影法画出的天花平面图应在图名后注明"仰视"字样。

在AR学习平台APP中，通过案例7的动画过程教学来学习室内天花平面图的形成。

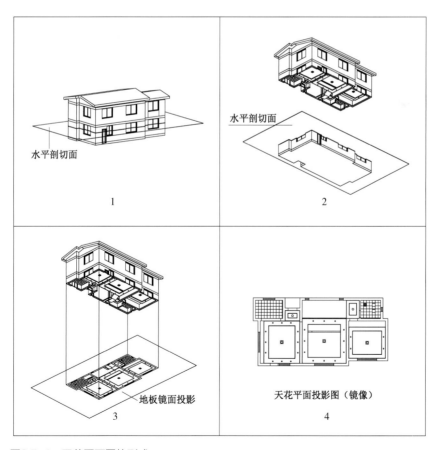

图3.5-1 天花平面图的形成

3.5.2　室内天花平面图的作用

室内天花平面图主要表现室内天花板的形状大小、起伏造型、层次标高、装修材料，天花板上灯具的类型、位置、数量，以及安置在天花顶面上的空调设备、音响设备、消防设备等。

3.5.3　室内天花平面图的识图内容

室内天花平面图所表现的内容有繁有简，但表达的内容应有以下几方面：

①室内天花板的形状造型与高低起伏的变化，构造复杂的部分应另绘剖面详图。

②天花板上的灯具以及其他设备的安置情况，如灯具的类型、位置、数量及排列的行间距，以及消防设备、空调风口、音响设备的大小与位置等。

③标注天花板各部分的尺寸、标高，装修材料的名称以及做法。

④天花平面图中的门窗符号可省去不画，在墙体中留出门洞位置即可。

⑤吊顶做法如需用剖面图表达时，顶面图中还应标出剖面图的剖切位置与投射方向。

3.5.4　室内天花平面图的剖面构造

室内天花平面图是一个水平面的投影图，对于天花板吊顶的高低层次只能靠不同的标高尺寸来推算。为了便于理解天花吊顶的结构关系，对于吊顶结构样式复杂的天花平面图，应绘制其剖面结构图，剖切位置应设置在吊顶的造型和高度变化典型的位置。

在天花剖面图中要标示清楚原始建筑顶面部分和吊顶部分、原顶与吊顶之间的高度差、暗藏灯带的位置、顶面的灯具位置，吊顶使用的材料和构造要通过图样和文字表示清楚，不同的吊顶高度要通过标高表示清楚。

3.5.5　室内天花平面图的绘图步骤

①先画出建筑的定位轴线，再绘制出内外墙体的厚度线，留出窗户和门的位置并用细实线连接。

②绘制天花板的造型及吊顶的高度变化，暗藏部分用虚线表示。

③绘制天花灯具、空调设备、音响设备等设施的造型及位置。

④进行吊顶的标高，标注尺寸、剖切符号，书写图名和比例。

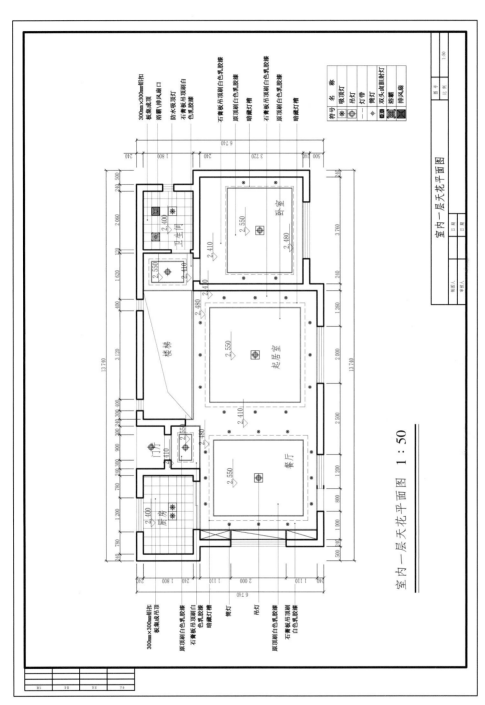

图3.5-2 室内一层天花平面图

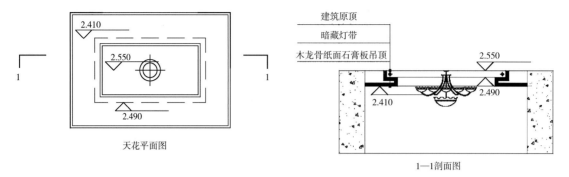

图3.5-3　天花平面图与天花剖面图的对应

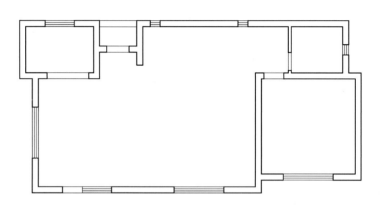

图3.5-4　室内一层天花平面图制图步骤（1）

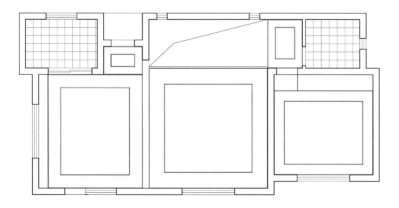

图3.5-5　室内一层天花平面图制图步骤（2）

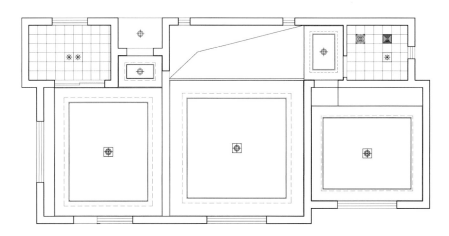

图3.5-6　室内一层天花平面图制图步骤（3）

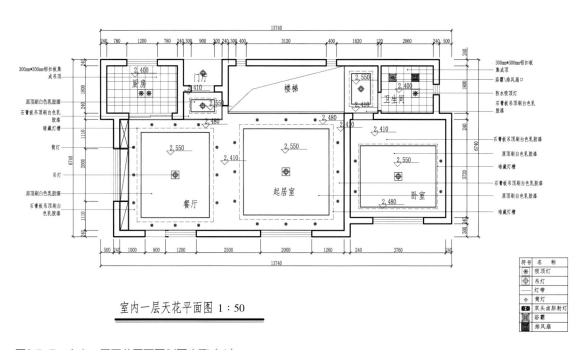

室内一层天花平面图 1：50

图3.5-7　室内一层天花平面图制图步骤（4）

作业练习二

1. 抄绘图3.5-3，掌握天花平面图与天花剖面图的对应关系。

2. 抄绘图3.5-8室内天花平面图。

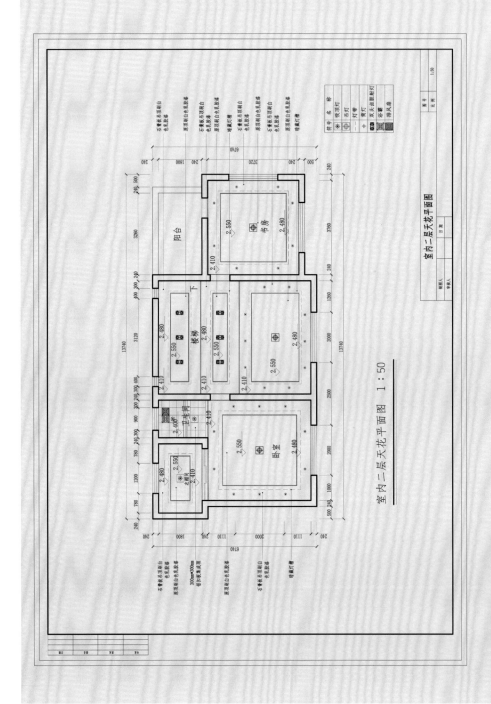

图3.5-8 室内二层天花平面图

3.6 室内立面图的识图与制图

室内立面图是表现室内设计风格样式的主要图样。立面图和平面布置图、地面装饰图、天花平面图相互配合，共同勾勒出了一个完整的室内全貌。

3.6.1 室内立面图的形成与平面图的关系

室内立面图是在室内房间中对房间的立面做垂直方向的正投影，得到的投影图称为室内立面图。室内立面图的命名应依据室内平面布置图中内视符号的编号确定，以便平面图与立面图之间对照识图。一个房间有几个立面就应绘制几个室内立面图，并且同一个房间的立面图应按照相同的比例尽量绘制在一张图纸中，便于立面图之间的对照。

3.6.2 室内立面图的作用

室内立面图主要表现房间内墙面的外观形式、墙面的装修做法以及墙面上布局的各种装饰品的大小及位置，固定在墙面上的家具应在立面图中画出，可移动的室内设备可省去不画。

在AR学习平台APP中，通过案例8的动画过程教学来学习室内立面图的形成。

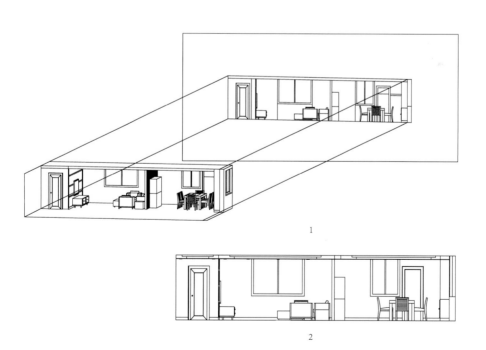

图3.6-1 室内立面图的形成

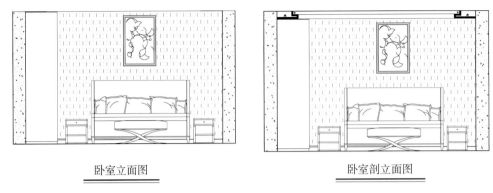

卧室立面图　　　　　　　　　　　卧室剖立面图

图3.6-2　卧室立面图与卧室剖立面图

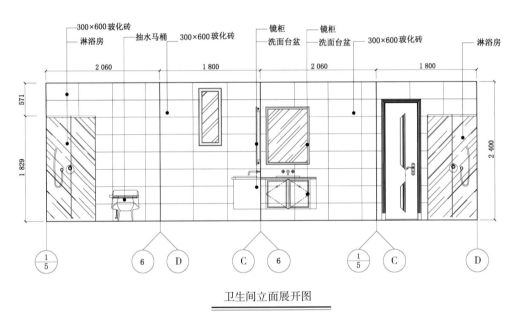

卫生间立面展开图

图3.6-3　卫生间立面展开图

3.6.3　室内立面图的识图内容

室内立面图的绘图内容因室内设计风格样式的不同，呈现出不同的内容，室内立面图的绘制应尽可能地将室内设计风格样式的特点表现出来。

①表明投影方向可见的室内轮廓线、门窗的位置大小、固定家具的位置大小。

②表明室内墙面上装饰装修构造及材料、色彩与工艺要求，墙面上如有装饰壁面、悬挂的织物以及灯具等装饰物也应用文字标明。

③表明室内立面中的物品，如固定家具、家电等陈设物品的正投影。家具陈设等物品应根据实际大小用图面统一比例绘制，其尺寸可不标注。

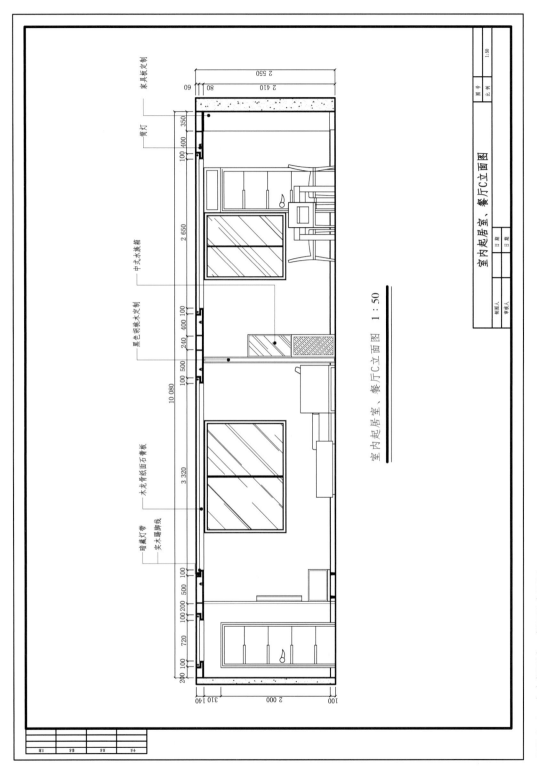

室内起居室、餐厅C立面图 1：50

图3.6-4 室内起居室、餐厅C立面图

④室内立面图中需要深化表达的局部应用详图索引。

⑤标注尺寸，书写图名、比例及所用装饰材料的名称等。

室内立面图可只绘制室内吊顶以下的立面内容，也可绘制完整的建筑原始顶面以下和原始地面以上的所有立面内容，称为剖立面图。剖立面图将室内顶部以上的立面结构、墙体立面、地面装饰结构都明确地表示出来。

在绘制平面形状为圆形或多边形的室内立面图时，可采用展开图的方式绘制，但需要在立面图的图名后加注"展开"二字。

3.6.4　室内立面图的制图步骤

①旋转平面图，使所要绘制的立面墙体朝向图纸下方，再将其尺寸直接引到立面图上，这样可以确定该立面的墙体轴线、立面宽度、墙体厚度、家具位置等。

②画出地面线，根据设计尺寸绘出房间的高度线、吊顶的高度线以及各家具的高度线。

③绘制室内该墙面的装修形式（踢脚线、墙裙形式、挂画等），如墙面装修形式复杂，可不画家具，以免遮挡。

④调整线型线宽，标注尺寸，书写说明文字、图纸名称及比例。

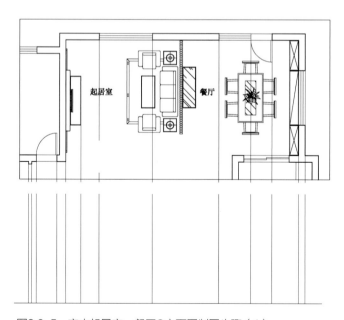

图3.6-5　室内起居室、餐厅C立面图制图步骤（1）

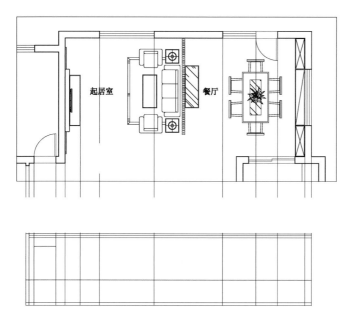

图3.6-6 室内起居室、餐厅C立面图制图步骤（2）

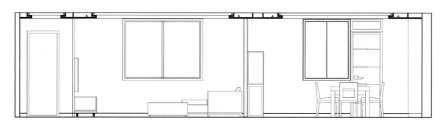

图3.6-7 室内起居室、餐厅C立面图制图步骤（3）

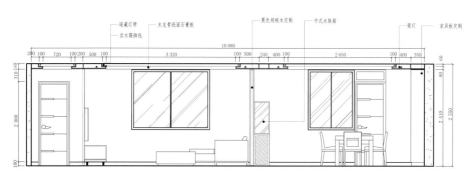

室内起居室、餐厅C立面图 1∶50

图3.6-8 室内起居室、餐厅C立面图制图步骤（4）

作业练习三

1. 抄绘室内起居室、餐厅B立面图（图3.6-9）。

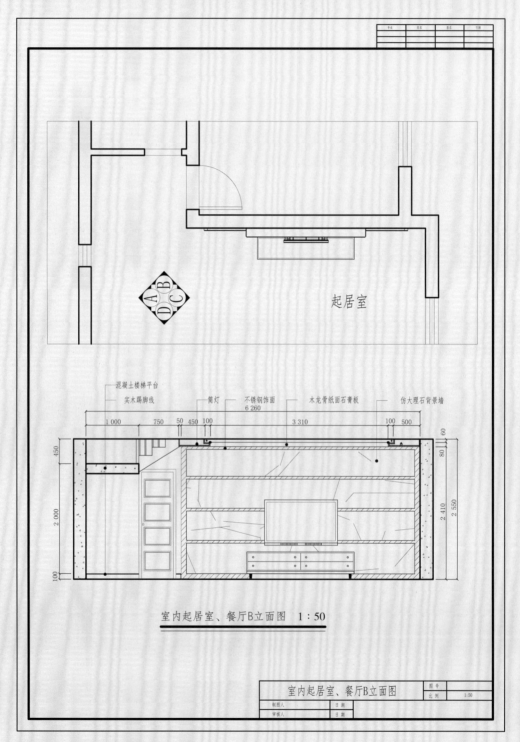

图3.6-9　室内起居室、餐厅B立面图

2. 抄绘室内起居室、餐厅D立面图（图3.6-10）。

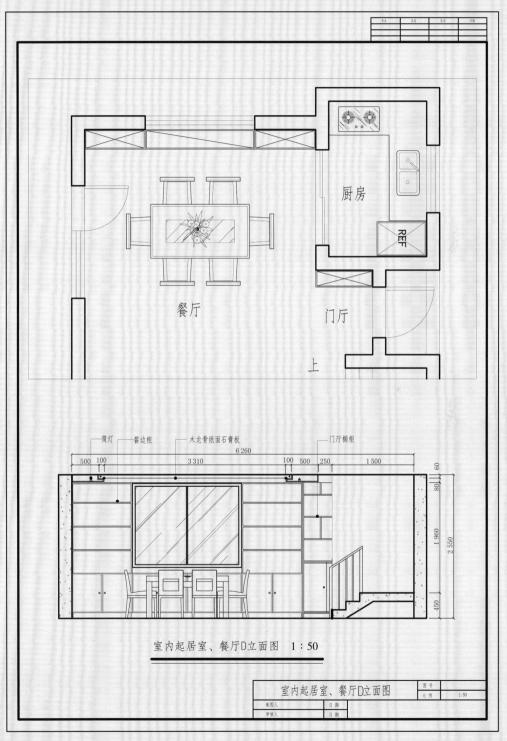

室内起居室、餐厅D立面图 1：50

室内起居室、餐厅D立面图		图 号	
		比 例	1:50
制图人	日 期		
审核人	日 期		

图3.6-10 室内起居室、餐厅D立面图

3. 抄绘室内起居室、餐厅A立面图（图3.6–11）。

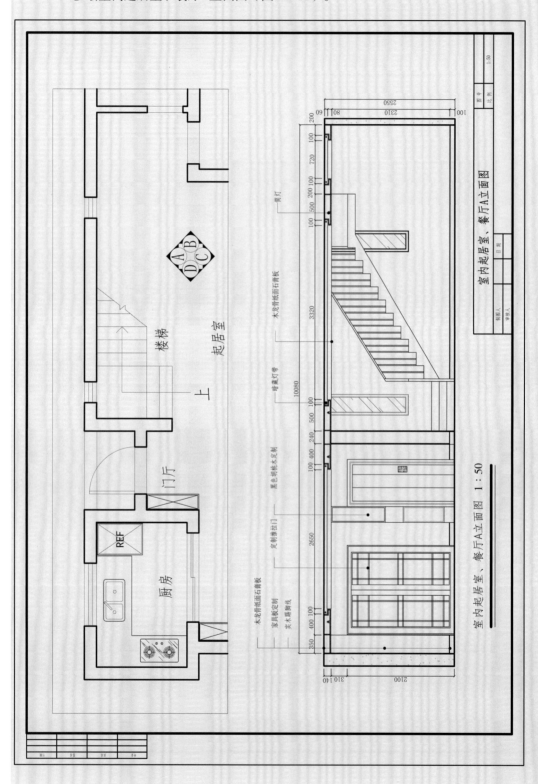

图3.6–11　室内起居室、餐厅A立面图

3.7 室内详图的识图与制图

室内工程图纸中，需要表达装饰结构的细节、所用装饰材料的规格，以及构造中各个部分的连接方法和相对的位置关系，各个组成部分的详细尺寸、施工要求和做法时，这就需要绘制室内详图。由于室内装饰工程的特殊性，以及装饰材料和施工工艺不断地更新，室内详图在整套室内工程图纸中占有相当重要的分量。

室内详图是用较大的比例对室内平、立、剖面图中的装修构件、装修剖面节点进行正投影后而生成的投影图。

室内详图是室内平、立、剖面图的深入和补充，主要表达室内装饰细部的形状、结构构造、尺寸、材料名称、规格、工艺做法等，是指导装修施工的重要依据。

室内详图需要画出详图符号，详图符号应与被索引图样的索引符号相对应，并在详图符号下面注写比例。对于套用标准图样或者通用图样的室内构件详图，只要注明所套用的图集名称、编号即可。

室内工程图中的详图可分为大样图和节点图。

3.7.1 室内详图的识图内容

①表明室内装修剖面节点的详细构造，构件的相互连接、固定方式。

②表明各个构件材料的名称、规格以及施工工艺要求的文字说明。

③表明各个构件的定型和定位尺寸，并用图例表示所用的装饰材料。

AR学习平台

在AR学习平台APP中，通过案例9的动画过程教学来学习室内详图的形成。

3.7.2 室内详图的制图步骤

作为室内平、立、剖面图的深化表现，室内详图一般选择较大的比例绘制，常用比例有1:5、1:10、1:20等，甚至有1:1、1:2的详图比例。

①绘制详图中要标示装饰构件的轮廓造型，各个组成构件的相互位置关系。

②绘制各个组成构件的连接安装方式，不同的材料用相应的图例表示出来。

③对各个装饰构件进行定型和定位的尺寸标注。详图中的尺寸数据要完整、详尽且准确无误。对构件的材料、色彩、种类规格及施工工艺都要有详细的文字注明。

④根据图线要求，详图中装修结构的轮廓线为粗实线绘制，材质填充线为细实线绘制。标注详图符号，详图符号应与平、立面图中的索引符号相对应，以方便相互查找。书写图名及比例等。

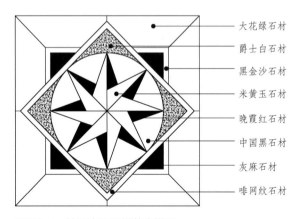

大花绿石材
爵士白石材
黑金沙石材
米黄玉石材
晚霞红石材
中国黑石材
灰麻石材
啡网纹石材

图3.7-1 地面大理石拼花大样图

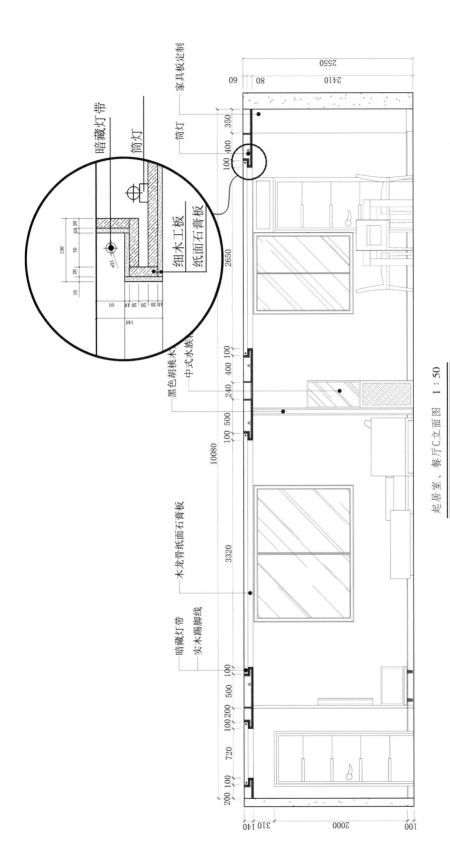

起居室、餐厅C立面图 1：50

图3.7-2 室内吊顶结构节点图

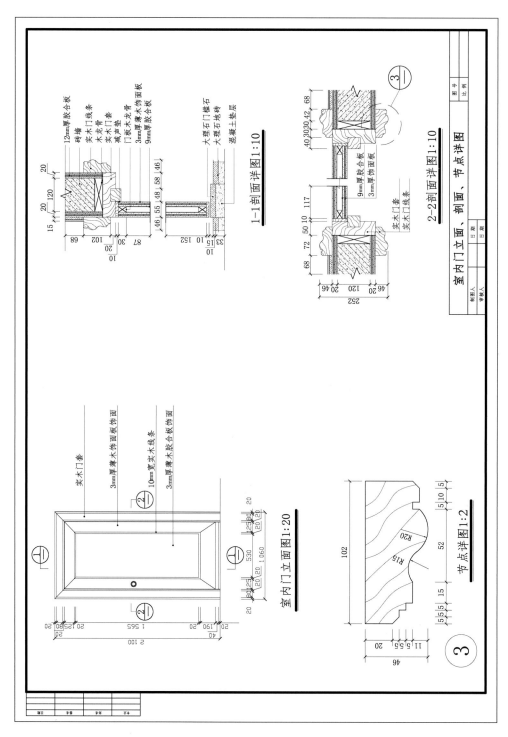

图3.7-3　室内门立面、剖面、节点详图

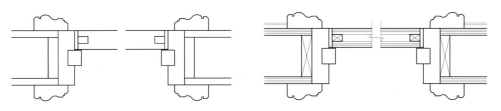

图3.7-4 节点详图制图步骤（1） 图3.7-5 节点详图制图步骤（2）

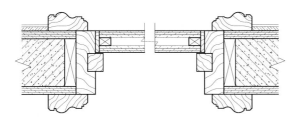

图3.7-6 节点详图制图步骤（3）

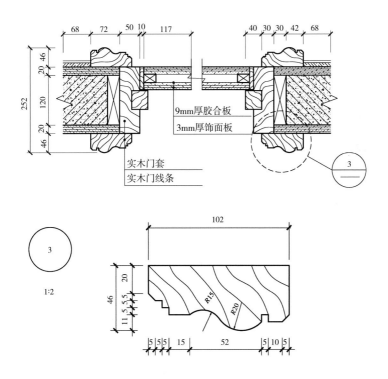

图3.7-7 节点详图制图步骤（4）

作业练习四

抄绘图3.7-3室内门结构详图。

3.8 建筑室内的测量与制图

建筑室内的测量与制图是环境设计识图与制图课程中重要的学习内容。通过对小建筑室内的测量和制图，可以巩固环境设计识图与制图的学习成果。

课程建议以学校内的单层小建筑或学生宿舍楼的某一住宿单元为测绘内容。建筑室内的测绘采用小组的形式，一般三人为一组，相互配合完成。

建筑室内平面图的测量与制图步骤如下：

①现场踏勘，绘制建筑室内的手绘平面草图。

②用卷尺测量出建筑室内各个房间的尺寸数据，记录在草图上，以mm为单位。

③用卷尺测量出建筑的门窗尺寸、墙体的厚度、楼梯的宽度、踏步的高度和宽度等数据，记录在草图上。

④用卷尺测量出室内主要家具的长宽尺寸、室内地面的装饰材料规格尺寸，记录在草图上。

⑤复核数据，确定制图比例，合理构图，按照记录的室内尺寸数据，根据制图步骤绘制图纸。

⑥检查图纸，确定无误后，根据图线的要求绘制线型和线宽，并进行标注。

室内立面图的测量与制图步骤如下：

①现场踏勘，绘制建筑室内的手绘立面草图。

②用卷尺测量出室内各个房间的高度尺寸数据，记录在草图上，以mm为单位。

③用卷尺测量出室内的门窗高度尺寸、踏步的高度等数据，记录在草图上。

④用卷尺测量出室内主要家具的高度尺寸、室内吊顶的结构尺寸，记录在草图上。

⑤复核数据，确定制图比例，合理构图，按照记录的室内尺寸数据，根据制图步骤绘制图纸。

⑥检查图纸，确定无误后，根据图线的要求绘制线型和线宽，并进行标注。

作业练习五

1.分小组测量学校内的单层小建筑，并绘制该建筑的平面图和各个立面图。

2.分小组测量宿舍某一住宿单元的室内部分，并绘制该室内的平面图和室内各个立面图。

4 |

景观工程图的识图与制图

景观设计是对建筑外部空间的环境设计，是环境设计的重要组成部分。景观工程图是设计师表达设计意图的基本方式，是设计师与建设方、施工方交流技术信息的专业语言，也是景观工程施工的重要依据。景观工程制图要符合《景观施工图绘图规范》《风景园林图例图示标准》中的制图规定，另外景观设计在绘图表现和方法上也有着自身的特点。概括地讲，景观工程图主要表达建筑外部环境中，各种景观元素的空间布局、相互关系，以及景观元素造型、色彩和质地和设计规范、施工技术等方面的内容。

4.1 景观工程图的概念及组成

4.1.1 景观工程图的概念

景观设计要经过景观方案设计和景观施工两个阶段。景观方案设计是根据设计要求，将景观设计构思以图纸的形式表达出来的过程。所绘的图纸称为景观工程图。

4.1.2 景观工程图的组成

景观方案设计阶段的工程图纸由首页图(包括图纸目录、设计说明等)、基本图（包括总平面图、剖立面图、景观分析图）和景观节点详图三大部分组成。

4.2 景观工程图的元素表示方法

景观设计制图不同于建筑设计制图和室内设计制图，它需要用具体特殊的图形符号表示出景观环境中的各种设计元素。下面是景观设计中主要元素的制图表示方法。

4.2.1 地形的表示方法

地形是环境景观设计中承载其他景观元素的载体。地形的平面表示主要采用图示和标注的方法。等高线法是地形最基本的图示方法。

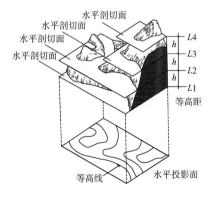

图4.2-1 等高线的形成

（1）等高线法的概念

等高线是用一组假想的垂直间距相等的水平剖切面与地形切割，所得交线在水平投影面上形成的正投影图。等高线是景观平面图上高程相等的各点所连成的闭合曲线。两相邻水平截面间的垂直距离，称为等高距。等高线上标注等高距，用它在景观设计图纸上表示地形的高低陡缓、坡谷走向及溪地深度等内容。

（2）等高线的特性

在景观平面图中，同一条等高线上的所有点其高程都相等。每一条等高线都是闭合的，但是由于用地范围或图框限制，在图纸上不一定每条等高线都闭合，但实际上它们还是闭合的。两条等高线间距的大小，表示了该地形坡度的缓或陡，等高线间距稀疏则说明地形坡度平缓，等高线间距密集则说明地形坡度陡峭。若两条等高线间距相等，则表示该坡面的角度相同。如果该组等高线平直，则表示该地形是一处平整过的同一坡度的斜坡。等高线一般不重叠或相交，在某些垂直于地平面的峭壁或挡土墙、驳岸处等高线才会交叠在一起。

（3）地形剖面图的表示方法

在景观工程图中，除了地形的平面表示方法外，在立面图中还要将地形的剖立面表示出来。景观工程制图中的地形剖面图一般是由地形剖断线和地形轮廓线组成的。

在地形平面图上，确定剖切位置和剖视方向，确定剖切位置线与等高线的交点。在地形的剖立面图上，按比例绘出间距等于等高距的平行线组，然后在平行线组中，将等高线与剖切位置线的交点标示出来，最后将这些点连接成光滑的曲线，即得到地形剖断线。

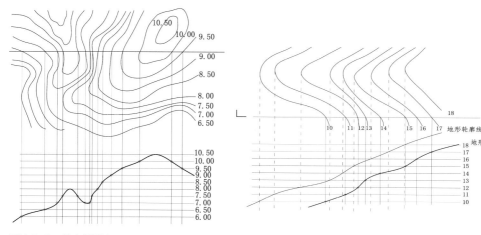

图4.2-2　等高线特征

图4.2-3　地形剖面图表示方法

图4.2-4 水体的表示方法　　　　　　　　　　　　　　　图4.2-5 乔木的平面表示方法

在地形剖面图中，除了要表示地形剖切位置的地形剖断线外，有时还需表示出地形的轮廓线。地形轮廓线的绘制方法与地形剖断线的方法一样，即在地形的剖立面图上，按比例绘出间距等于等高距的平行线组，作出垂直于剖切位置线的各条等高线的切线，将各切线延长与平行线组中相应高程的平行线相交，将交点连接成光滑的曲线，即为地形轮廓线。

4.2.2　水体的表示方法

水体是景观设计中重要的设计要素，把握好水体的绘图表示方法，会使景观工程制图更加生动。水体的表示方法一般有线条法、等深线法和平涂法。

用平行排列的线条表示水面的方法，称为线条法。作图时，可将整个水面全部用线条均匀地布满，也可局部留白，或只局部画些线条，线条绘制时应疏密有致。

在靠近岸线的水面中，依照岸线的曲折位置，作两三根等距水深的曲线，这种类似等高线的闭合曲线，称为等深线。通常形状不规则的水面用等深线表达，用等深线画图时，要注意岸线与等深线的层次变化。

用平涂来表示水面的方法，称为平涂法。平涂时，可先用铅笔作线稿，运用退晕的方法，一层一层地进行渲染，使离岸远的水面颜色较深，也可不考虑深浅地均匀平涂。

4.2.3　植物的表示方法

植物是景观设计中重要的构成要素之一。景观环境中种植的植物品种繁多，形态各异，在景观设计图纸中无法详尽地表达。因此，一般根据植物的基本特征，按照"约定俗成"的图例来进行表现。景观工程制图中的植物可分为乔木、灌木和地被植物几大类。

（1）乔木的表示方法

① 乔木的平面表示方法

在景观平面图上，用大小不同的点表现树干的位置与粗细，用圆圈表示树冠的形状和大小。圆圈直径的大小应与树木成年的冠径基本吻合。由于乔木的种类繁多，在景观工程制图中可通过苗木表的形式来对树木的种类进行详细的说明。在图纸上，为了形象、直观地表现植物的图面效果，通常用不同的树冠线型来表示不同类别的树木。乔木按照树木叶子的形态，可分为针叶树和阔叶树两大类；还可按照落叶情况，分为常绿树和落叶树两大类。针叶树的树冠以针刺状的波纹表示。若为常绿针叶树，则在树冠内加上45°平行的等距斜线。阔叶树的树冠一般以圆弧状波纹表示，常绿阔叶树以树冠内加上平行的斜线，落叶阔叶树则以树枝形状来表现。

当相同的几株树木相连时，应相互避让，使图面形成整体。若表现成群树木的平面时，勾勒其树木整体的边缘线即可。

② 乔木的立面表示方法

在景观剖立面图中，要将树木的立面造型表现出来，这需要掌握树木的立面表示方法。乔木的立面表现主要取决于树冠的轮廓线，其表示方法有写实法、图案法和抽象变形法三种形式。写实法表现形式是在抓住树木轮廓特征的同时，遵循树木的生态、动态和生长规律，进行较为细致、逼真的刻画。图案法表现形式较重视树木的某些特征，如树形和分枝等，通过适当的取舍和概括，运用线条的疏密组合，突出其图案的效果。抽象变形法表现形式虽然程式化，但它将树木的特征加以夸张、变形，使画面风格别具一格。

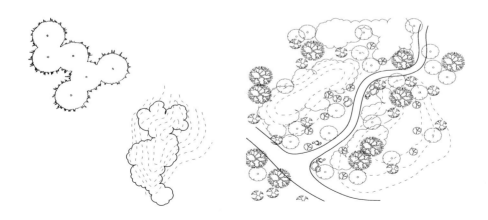

图4.2-6 树丛的表示方法

无论采取何种形式的表现手法，树木的立面都应与平面保持风格一致，采用相同的表现手法。同时，要保证树木冠径的大小、树干的位置与平面图相一致。

（2）灌木及绿篱表示方法

灌木是指没有明显主干、呈丛生状态的树木。单株灌木的平面图表现与乔木相同。但是，灌木在景观设计中的种植多以灌木丛的形式出现。景观平面图中，常采用轮廓勾勒的方式来表示丛状的灌木平面。修剪整齐的灌木和绿篱的平面形式多为规则的形状。

（3）地被植物的表示方法

景观设计中的地被植物主要指的是草坪和草地。草坪和草地的表现方法很多，主要有打点法和短线法等。打点法是最常用的草坪表示方法，其特点是疏密相间，整体感强。在打点时，应保持点的大小基本一致，点的排列有疏有密。短线法要求排列线段整齐，行间有断断续续的重叠，也可稍留空白或行间留白。

4.2.4 道路的表示方法

景观中的道路具有交通和组织景观的作用。道路的表现应注意转折与衔接的关系要通顺合理，符合人的行为规律。景观设计中，按使用功能，道路可分为主要道路、次要道路、游憩小路及异型道路四种类型。

（1）主要道路和次要道路

主要道路和次要道路是通向各个景区、主要景点、主要建筑的道路。主要道路与次要道路是景观中的骨架，道路路线应自然流畅。道路的画法较简单，用流畅的曲线画出路面的边线即可。较宽的道路线型相对较粗。

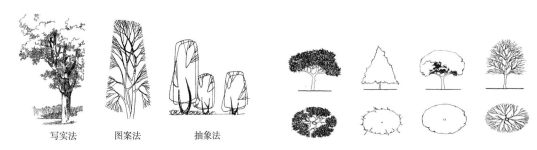

图4.2-7 乔木的立面表示方法

写实法　图案法　抽象法

图4.2-8 乔木的平面与立面关系

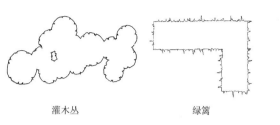

灌木丛   绿篱

图4.2-9 灌木及绿篱的表示方法

图4.2-10 草坪的表示方法

（2）游憩小路

游憩小路是指散步休息、连接到景观各个角落的道路。道路的宽度为0.9~1.2 m，游憩小路可根据地势的变化上下起伏。景观平面图中的游憩小路可用两根细线画出路面宽度。游憩小路常用的路面铺装材料有方砖、条石、碎石、卵石、瓦片及碎瓷片等。按照路面材料画出道路的铺装细节，使道路平面具有装饰性和艺术性。

（3）异型道路

在景观工程图纸中，根据设计需要，可设置异型道路，如步石或汀步等。步石是置于地上可供人行走的石块，多在草坪、林间、岸边或庭院等较小的空间使用。汀步是水中步石，点缀在浅水滩地、小溪等处。

4.2.5 广场的表示方法

景观工程制图中的广场是指主要交通节点的空旷地带。广场在景观设计中起到疏导和组织空间的作用，是景观设计中重要的设计元素。广场的平面表示方法一般通过广场铺装的样式进行表现。

铺装是指在景观设计中运用自然或人工的铺地材料，按照一定的方式铺设而成的地表形式。广场铺装不仅满足人们使用需求，还在景观效果上满足视觉需求，从色彩、质地、铺设形式上为景观设计提供形式多样的铺装效果。

4.2.6 山石的表示方法

景观设计中，常用山石作为景观小品进行空间的点缀。山石的平立面表现通常采用线条勾画轮廓的形式进行表现。一般用粗实线勾勒山石轮廓，用细实线表现其纹理。

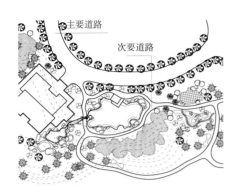

图4.2-11　主要道路与次要道路

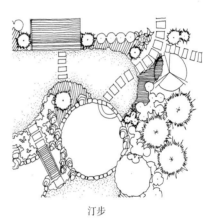

图4.2-12　游憩小路

步石　　　　　　　　　　　　　汀步

图4.2-13　步石与汀步

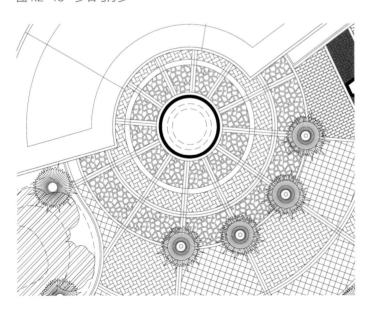

图4.2-14　广场铺装

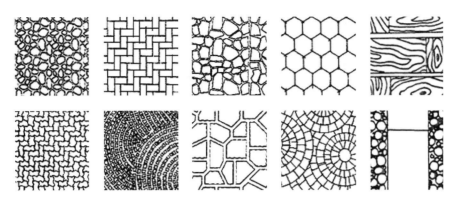

图4.2-15 广场铺装纹样

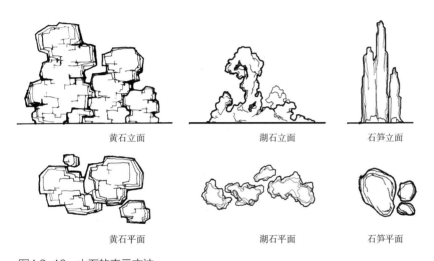

黄石立面   湖石立面   石笋立面

黄石平面   湖石平面   石笋平面

图4.2-16 山石的表示方法

图4.2-17 山石与水体、植物的结合表现

景观设计中，常用的山石主要有湖石、黄石、青石及卵石等类型。不同的山石质地，其纹理不同，表现方法各异。在绘制时，应把握其基本特征加以强调，同样也要注意平立面的风格一致。黄石的棱角明显，方正有力，纹理平直，故应多用直线和折线来表现。湖石特点为瘦、皱、漏、透，石面上有沟、隙、洞、缝，在刻画时多用曲线体现其柔美多奇。石笋外形修长如竹笋，可用直线或曲线，表现其垂直的纹理。

作业练习一

1. 抄绘地形的等高线表示方法。
2. 抄绘水体的表示方法。
3. 抄绘植物的表示方法。
4. 抄绘道路的表示方法。
5. 抄绘广场铺装的表示方法。
6. 抄绘山石的表示方法。

4.3 景观平面图的识图与制图

景观平面图是表现设计范围内的各个景观设计要素（地形、植物、水体、山石及建筑等）布局位置的水平投影图。景观平面图能表示整个设计的布局和结构，景观的空间构成，以及各个设计要素之间的关系，也是绘制其他景观专项图纸（道路分析图、植物配置图等）及景观施工与管理的主要依据。

4.3.1 景观平面图的识图内容

景观平面图一般由图样、尺寸标注、文字标注、苗木表及技术经济指标等内容组成。在图样中，要出现地形、植物、道路、建筑、水体等景观组成要素。

①地形：地形的高低变化及其分布情况通常用等高线表示。原地形等高线用细虚线绘制，设计等高线用细实线绘制，设计平面图中等高线可以不注高程。

②植物：用植物的图例区分开针叶树和阔叶树，常绿树和落叶树，以及乔

木、灌木、绿篱、花卉和草坪等植物。绘制植物图例时，要注意曲线过渡自然，图形应形象、概括，树冠要按成年以后的树冠大小绘制。

③山石：山石均采用其水平投影轮廓线概括表示，以粗实线绘出边缘轮廓，以细实线概括绘出纹理。

④水体：水体可用等深线法表示，一般绘三到四条线，外面一条表示水体边界线（即驳岸线），用粗实线绘制；里面的等深线用细实线绘制。

⑤建筑：景观工程图中的建筑可用水平剖面图表示（即建筑平面图）或屋顶平面图表示。这两种形式体现设计者不同的表达重点，在以建筑为主体的景观设计中多采用水平剖面图；在主要表现建筑与环境关系的景观设计中，多采用屋顶平面图。

⑥道路及铺装：用细实线画出路边线、场地的分划线，对铺装路面及场地可按设计图案纹样绘制。

⑦景观平面图中的定位方式有两种：一种是用尺寸标注的方法，以图中某一原有景物为参照物，标注设计主要内容与原景物之间的相互尺寸，从而确定它们的相对位置；另一种是采用直角坐标网定位，在景观平面图中按一定距离绘制出方格坐标网，坐标网均用细实线绘制。

⑧绘制比例、指北针及风玫瑰等符号：景观平面图中，宜采用线段比例尺。风玫瑰图是表示该地区风向情况的示意图，指北针常与其合画一起，用箭头方向表示北向。

⑨苗木表：景观平面图中所用的植物图例符号应予以编号，在苗木表中注明具体的植物名称。

4.3.2　景观平面图的制图步骤

①用细实线绘制坐标网，绘制主要道路和次要道路，形成景观的结构框架。

②绘制景观中的建筑、小品、水体及地形等元素。

③确定植物的位置和数量，根据不同的景观元素和制图线型的要求，调整线型粗细。

④进行尺寸标注和文字标注，书写图名、比例和指北针等。

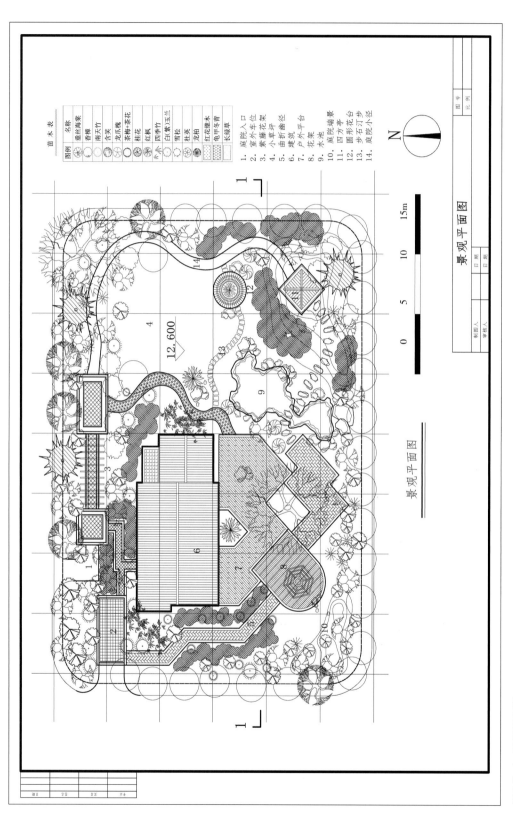

苗 木 表

图例	名称
	垂丝海棠
	香樟
	南天竹
	含笑
	龙爪槐
	小草坪
	茶梅+茶花
	桂花
	红枫
	四季竹
	白象玉兰
	雪松
	杜鹃
	龙柏
	红花继木
	龟甲冬青
	长绿草

1. 庭院入口
2. 室外车位
3. 紫藤花架
4. 小草坪
5. 曲折游径
6. 建筑
7. 户外平台
8. 花架
9. 水池
10. 庭院端景
11. 四方亭
12. 圆形花台
13. 步石汀步
14. 庭院小径

景 观 平 面 图

12.600

景观平面图

景观平面图

N

0   5   10   15m

制图人
审核人

图 号
比 例

日 期
日 期

图4.3-1 景观平面图

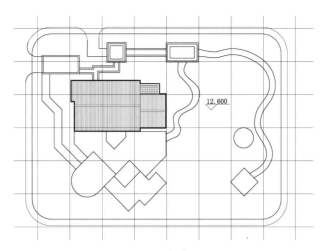

图4.3-2 景观平面图制图步骤（1）

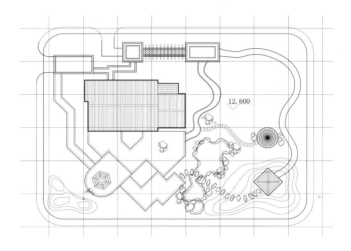

图4.3-3 景观平面图制图步骤（2）

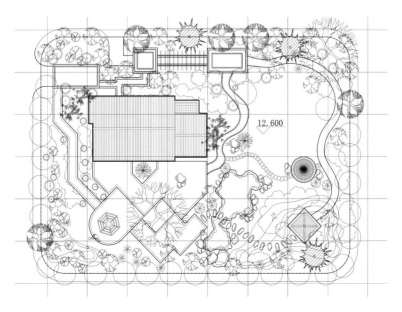

图4.3-4 景观平面图制图步骤（3）

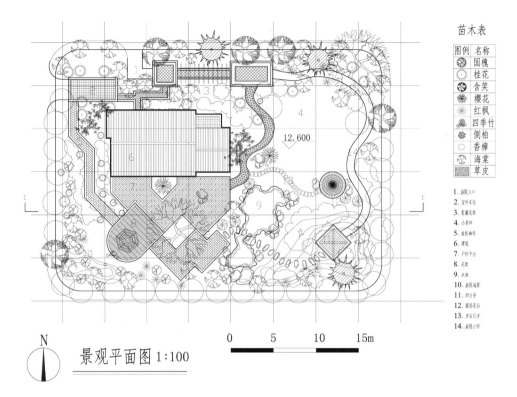

苗木表

图例	名称
	国槐
	桂花
	含笑
	樱花
	红枫
	四季竹
	侧柏
	香樟
	海棠
	草皮

1. 庭院入口
2. 室外车位
3. 紫藤花架
4. 小草坪
5. 曲折幽径
6. 建筑
7. 户外平台
8. 花架
9. 水池
10. 庭院端景
11. 四方亭
12. 圆形花台
13. 步石汀步
14. 庭院小径

12.600

N

景观平面图 1:100

0 5 10 15m

图4.3-5 景观平面图制图步骤（4）

作业练习二

抄绘图 4.3-1 景观平面图。

4.4 景观剖立面图的识图与制图

景观立面图是场地范围内的所有设计元素在某垂直方向面上的正投影图。如同建筑的立面图一样，可根据设计需要绘制多个立面图。景观剖面图是指对景观进行垂直面的剖切后沿某一剖视方向作正投影所得到的视图。在景观设计中，通常将立面图和剖面图结合在一起形成景观剖立面图，用来表达景观设计各元素的高度、造型及竖向关系。

4.4.1 景观剖立面图的识图内容

景观剖立面图主要由各个景观元素的立面造型形态、尺寸标注和文字标注等内容组成。根据在景观平面图中的剖切位置，将剖切线经过的所有景观元素的立面造型按照比例绘制清楚。景观剖立面图中，应包括以下内容：

①地形的剖立面形状应与平面图的坡度形成对应，并用光滑的曲线绘制。

②植物的立面按照不同植物的平立面对应画法绘制，注意植物的前后遮挡关系。

③建筑和小品按照建筑的立面图绘制方法绘制。

④在景观设计的剖立面图中应进行尺寸和文字的标注。

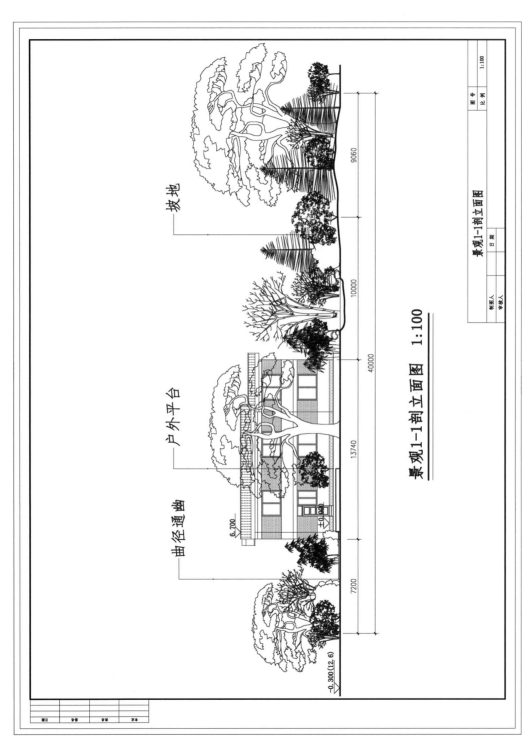

图4.4-1 景观剖立面图

4.4.2 景观剖立面图的制图步骤

①绘制景观剖立面图的地平线，按照景观平面图的剖切位置，将辅助线延伸到剖立面上。

②根据剖立面图与平面图的对应关系，确定各景观元素在立面图中的位置。

③确定各景观元素的宽度和高度，描绘各景观元素的细部造型，并按照前后的遮挡原则，擦去被遮挡部分。

④根据线型的要求，加深地平线、剖切轮廓线，进行文字和尺寸标注，书写图名、比例。

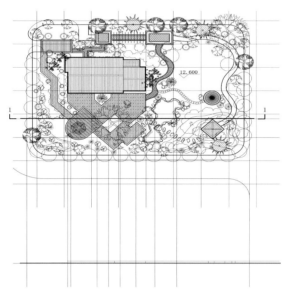

图4.4-2 景观剖立面图绘图步骤（1）

图4.4-3 景观剖立面图绘图步骤（2）

图4.4-4 景观剖立面图绘图步骤（3）

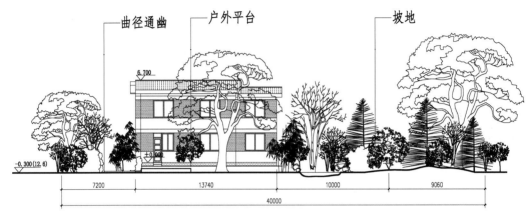

景观剖立面图 1：100

图4.4-5 景观剖立面图绘图步骤（4）

作业练习三

抄绘图 4.4-1 景观剖立面图。

4.5 景观详图的识图与制图

景观工程图纸中，需要表达景观设计的细节、材料和规格，以及构造中各个部分的连接方法，各个组成部分的详细尺寸，包括需要的标高、有关的施工要求和做法等，这就需要通过绘制景观详图进行说明。

景观详图是景观工程图纸中平面图、剖立面图的深入和补充。它主要表达景观设计的细部形状、结构构造、尺寸、材料名称、规格及工艺做法等，是进行景观施工的重要依据。

景观详图的识图内容如下：

①表示出景观结构剖面节点的详细构造，以及构件的相互连接和固定方式。

②表示出各个构件材料的名称、规格以及施工工艺要求的文字说明。

③表示出各个构件的定型和定位尺寸，并用图例表示所用的装饰材料。

作业练习四

抄绘图4.5-1景观详图。

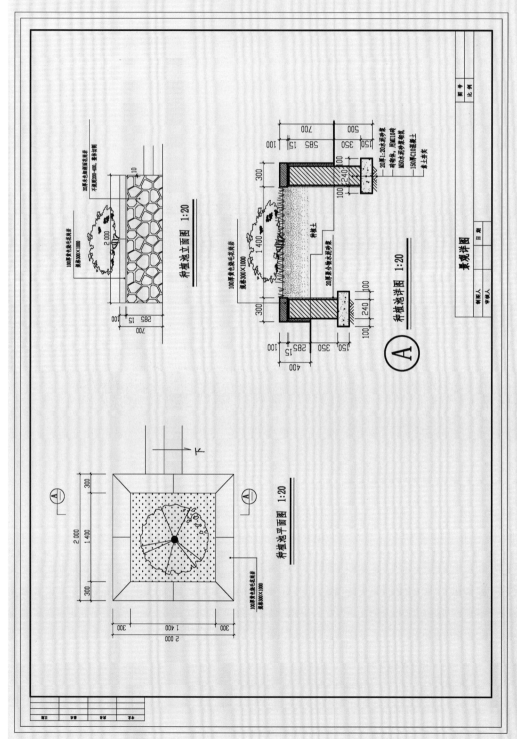

图4.5-1 景观详图

5 |
环境设计透视图的识图与制图

透视画法是一种特殊的绘图方法，是利用人的视觉规律，在二维平面上表现三维立体空间的一种绘图方法，利用透视方法画出的图称为透视图。掌握透视图的绘图方法和技巧是进行环境设计制图的基础，是学习环境设计必须掌握的一项基本功。

透视图就好比在观察者和被观察物体之间竖立放置了一块透明的玻璃，从观察者的眼睛与物体的各点连接便形成了视线，这些视线与透明玻璃会形成交点，连接这些交点后形成的图形就是透视图。

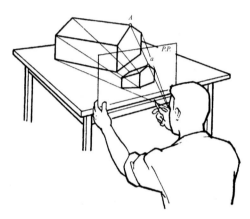

图5.1-1　透视图的形成原理

5.1　透视图的分类及相关概念

5.1.1　透视图的分类

根据观察者的视点与物体之间的不同位置，可以对透视图进行分类。在环境设计制图中，常用的透视有：平行透视（一点透视）、成角透视（两点透视）和斜角透视（三点透视）三种。其中，平行透视和成角透视应用最多，必须熟练掌握。

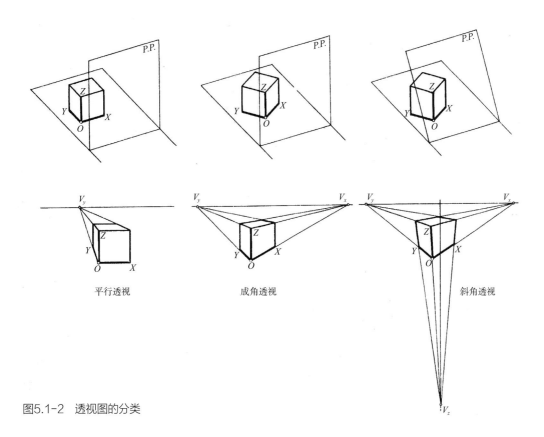

平行透视   成角透视   斜角透视

图5.1-2 透视图的分类

图 5.1-3 平行透视（马磊）

图 5.1-4 成角透视（马磊）

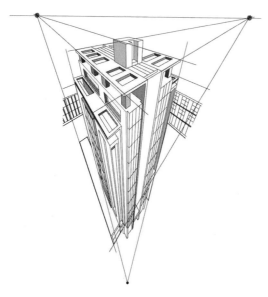

图 5.1-5 斜角透视

5.1.2 透视图常用术语

①视点（EP）：观察者眼睛所在的位置。

②站点（SP）：观察者脚所站立的位置，也是视点的水平投影，也称为立点。

③视高（H）：视点与站点间的距离。

④视平面（HP）：观察者眼睛所处的水平面。

⑤画面（PP）：观察者与物体之间假设的竖立放置的透明平面。

⑥视平线（HL）：视平面与画面的交线。

⑦视距（D）：视点到画面的垂直距离。

⑧中心视线（CL）：过视点作画面的垂线，也称主视线。

⑨中心点（CV）：中心视线和画面的交点，也称视心、心点。

⑩基面（GP）：物体所在的地平面。

⑪基线（GL）：基面和画面的交线。

⑫灭点（VP）：也称消失点，是直线上无穷远点的透视。

⑬消失线（VPL）：透视图中汇聚于灭点的直线。

⑭视线（VL）：视点和物体上任意一点的假想连线。

⑮目线（EL）：视线在画面上的正投影。

⑯足线（FL）：视线在基面上的正投影。

⑰测点（M）：视点到灭点间的距离投影到视平线上的测量点。用来计算透视图中物体的长、宽、高。

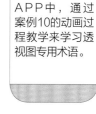

在AR学习平台APP中，通过案例10的动画过程教学来学习透视图专用术语。

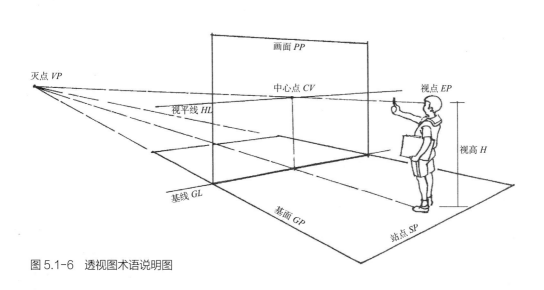

图 5.1-6 透视图术语说明图

5.1.3 透视图的基本规律

我们观察环境空间中的物体，就如同观看照片，从中可以得出以下透视规律：

①实际空间中等距离的物体，距我们近处的间距疏，远处的则密，即近疏远密。

②实际空间中等体量的物体，距我们近处的体量大，远处的则体量小，即近大远小。

③在视平线以上，实际空间中等高的物体，距我们近处的高，远处的则低，即近高远低。

④在视平线以下，实际空间中等高的物体，距我们近处的低，远处的则高，即近低远高。

⑤与画面重合的平面图形，透视就是其自身；远离画面但与画面平行的图形，其透视图为原型的相似形。

⑥平行于画面的平行线，其透视图中也相互平行。

⑦垂直于画面的平行线，其透视图中要汇聚于视心。

物体在视平线以上，
距我们近处的高，
远处的则低，
即近高远低。

物体在视平线以下，
距我们近处的低，
远处的则高，
即近低远高。

实际空间中等距离的物体，
距我们近处的间距疏，
远处的间距密，
即近疏远密。

实际空间中等体量的物体，
距我们近处的体量大，
远处的体量小，
即近大远小。

图 5.1-7　透视规律说明图

5.2 平行透视图的识图与制图

平行透视图中只有一个灭点，因此也称作一点透视。在平行透视图中通常可以看到物体的正面，而且这个面和我们的画面平行。物体上下、左右四个面会根据近大远小的透视规律，消失于灭点。消失线和消失点就应运而生。因为近大远小的透视规律，所以透视图中产生了空间的纵深感。透视图中的线条只有三个方向：水平线、铅垂线、消失线。室内空间的平行透视一般能表现出五个面，能够表达出室内主要立面的比例关系，符合人的视觉习惯，是学习透视画法和理解透视原理的基础。

绘制平行透视图有很多种方法，为了便于学习掌握，这里详细介绍测点法画室内透视图。测点法是在透视图中根据测点来确定透视进深的一种透视画法。测点法作图简单、准确，只要知道室内平面图、立面图、画面和站点的位置尺寸即可作图。绘图步骤如下：

①在室内平面图中确定画面 PP、站点 SP 的位置关系，视距为 D。

② 根据室内立面尺寸，在透视图上绘制与画面 PP 重合的室内立面轮廓。在透视图中标出视平线 HL、基线 GL、中心点 CV 的位置。连接中心点 CV 与立面的四个角点，得出室内上、下、左、右四个墙面的全透视。

③根据已知的视距 D（站点 SP 到画面 PP 的距离），在中心点 CV 一侧的视平线上标出测点 M 的位置，使 $CVM=D$。在基线 GL 上确定 $O1$、$O2$、$O3$ 线段等于平面图中 $O1$、$O2$、$O3$ 线段长。连接 $M1$、$M2$、$M3$ 线段和 OCV 交于 a、b、c 点，即是平面图中 1、2、3 的透视位置。根据透视规律得出室内四个立面的透视形状和门的透视位置。

④在基线 GL 上量取 $x8$、$x7$ 等于平面图中的 $x8$、$x7$，连接 $M8$、$M7$ 和 xCV 交 d、e 点，即是平面图中 8、7 的透视位置。在基线 GL 上量取 xy 等于平面图中 89 长，连接 yCV 与过 d 的水平线交于 f 点，根据透视规律，得出物体的底面透视形状。

⑤在基线 GL 上量取 Ok、Om 等于平面图中的 34、35 长，连接 kCV、mCV 交过 c 点的水平线于 g、n 点，即是窗户的透视宽度。

⑥将门高 mh、窗高 $ch1$ 和 $ch2$、物体高 bh 标注在真高线上，根据透视规律绘制室内门窗和家具的透视高度。

⑦根据设计构思，同理绘制室内结构、家具、设施等细节，完成室内平行透视图的绘制。

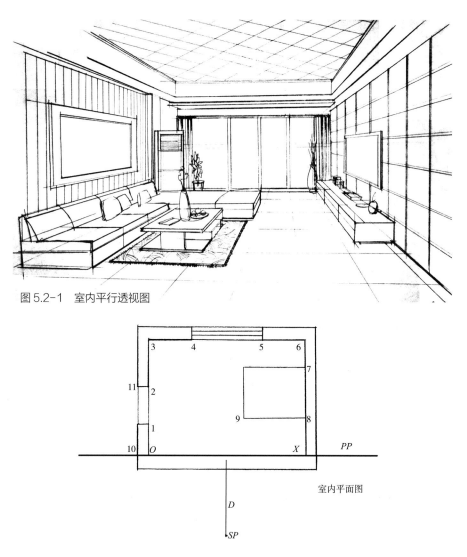

图 5.2-1　室内平行透视图

图 5.2-2　测点法画室内平行透视图步骤（1）

室内平面图

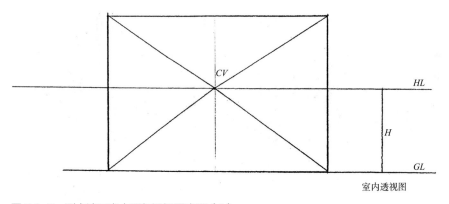

室内透视图

图 5.2-3　测点法画室内平行透视图步骤（2）

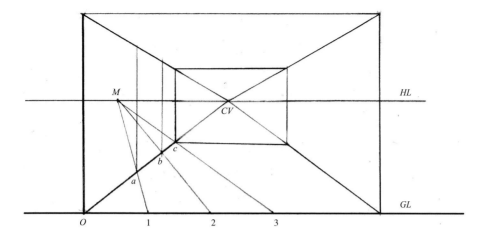

图 5.2-4 测点法画室内平行透视图步骤（3）

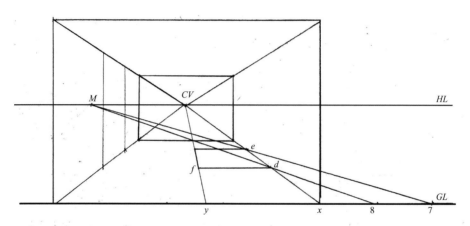

图 5.2-5 测点法画室内平行透视图步骤（4）

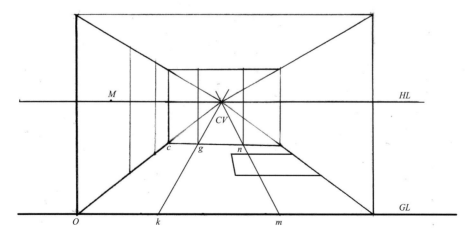

图 5.2-6 测点法画室内平行透视图步骤（5）

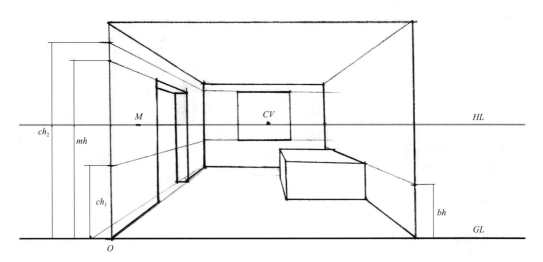

图 5.2-7　测点法画室内平行透视图步骤（6）

图 5.2-8　测点法画室内平行透视图步骤（7）

5.3　成角透视图的识图与制图

在成角透视图中，物体或空间的立面和画面 *PP* 都不平行，均形成一定的角度。成角透视图中会出现两个消失点，所以成角透视也称为两点透视。由于成角透视在画面中有两个消失点，画面比平行透视自由灵活、层次分明、动感强。但如果成角透视的视角选择不当会使画面产生扭曲变形。成角透视图中的线条有三个方向，分别是铅垂线、向左消失线、向右消失线。在建筑物体与室内空间的成角透视画法中透视规律有所不同。成角透视图中的建筑物体，真高在画面的最前方，建筑左墙上的所有水平平行线向左消失点消失，建筑右墙上的所有水平平行线向右消失点消失。视平线上部分的消失线向下消失，视平线下部分的消失线向上消失，垂直于地面的垂直线仍然保持铅垂。成角透视图中的室内空间，其真高在画面的最后方，室内左墙上的所有水平平行线向右消失点消失，室内右墙上的所有水平平行线向左消失点消失。视平线上部的消失线向下消失，视平线下部的消失线向上消失，垂直于地面的垂直线仍然保持铅垂。

图 5.3-1　室内成角透视图（马磊）

5.3.1 运用测点法画室内成角透视图

与画平行透视图一样，测点法画成角透视图也简单、准确。成角透视由于有左右两个消失点，所以在透视图中应有两个测点，分别来确定左右消失线上的透视进深。绘图步骤如下：

①已知室内平面图、画面 PP、立点 SP 的位置，过立点 SP 做室内左右两墙的平行线 SPV_x 和 SPV_y，交画面 PP 于 V_x 和 V_y 点，得到两消失点的参考点。在 PP 线上量取 $V_xM_x=V_xSP$，量取 $V_yM_y=V_ySP$，得到测点的参考点。

②在平面图下方绘制基线 GL、视平线 HL，并将平面图中的 V_x 和 V_y 参考点引入透视图中，得到 v_x 和 v_y 两个消失点。将 M_x 和 M_y 参考点引入到透视图中，得到 m_x 和 m_y 两个测点。

③在透视图中，绘制墙体的真高 H_1，根据透视规律，分别连接 v_y 和 v_x 消失点，得到室内墙体的全透视。

④在基线 GL 上量取 $O1$、$O2$ 长等于平面图中的 $O1$、$O2$ 长，连接 m_y1 和 m_y2 交 Ov_y 分别于 a、b 点，即是门的透视位置。量取 58、78 长等于平面图中的 58、78 长，连接 m_x5 和 m_x7 交 $8v_x$ 分别于 c 和 d 点，即是窗户的透视位置。

⑤在基线 GL 上量取 Oq 长等于平面图中的 Oq 长，连接 m_yq 交 Ov_y 于 r 点，即是物体的进深。量取 48、68 长等于平面图中的 48、68 长，连接 m_x4 和 m_x6 交 $8v_x$ 于 e 和 f 点，即是物体的透视宽度，根据透视规律，画出物体的底面透视形状。

⑥将门高 mh、窗高 $ch1$ 和 $ch2$、物体高 bh 标注在真高线上，根据透视规律，绘制室内门窗和物体的细节。

⑦根据设计构思，同理绘制室内结构、家具、设施等细节，完成室内成角透视图的绘制。

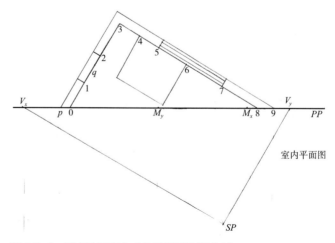

图 5.3-2 测点法画室内成角透视图步骤（1）

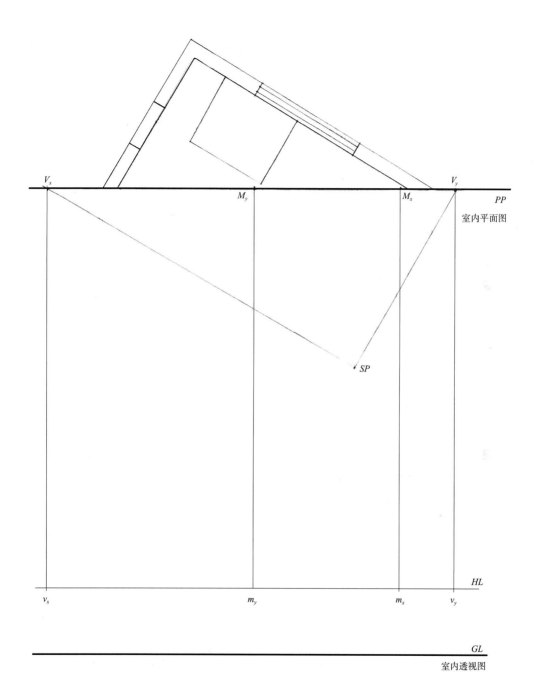

图 5.3-3 测点法画室内成角透视图步骤（2）

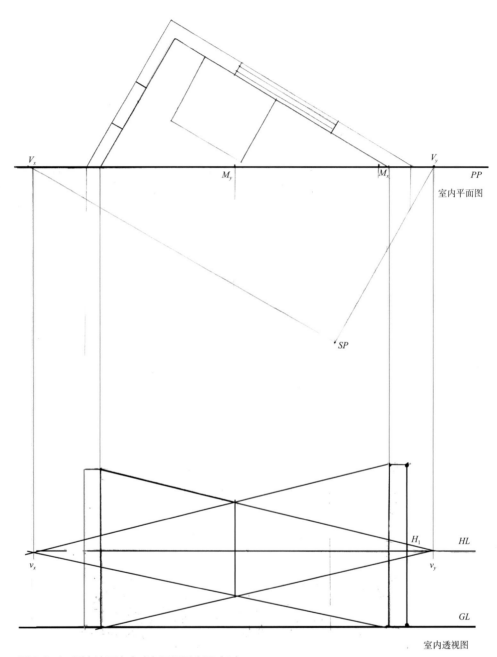

室内平面图

室内透视图

图 5.3-4　测点法画室内成角透视图步骤（3）

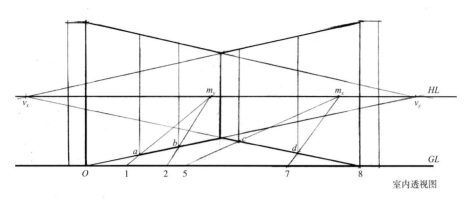

图 5.3-5 测点法画室内成角透视图步骤（4）

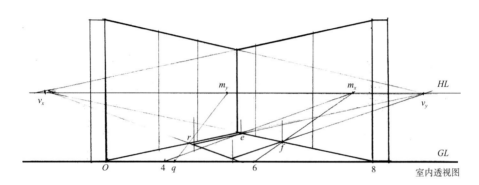

图 5.3-6 测点法画室内成角透视图步骤（5）

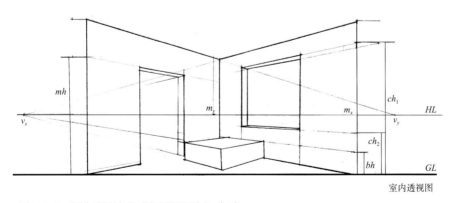

图 5.3-7 测点法画室内成角透视图步骤（6）

图 5.3-8　测点法画室内成角透视图步骤（7）

5.3.2　运用测点法画建筑成角透视图

与画室内成角透视图一样，测点法画建筑成角透视图应有左右两个消失点和两个测点，不同之处在于消失点的左右位置不同。用测点法画建筑的立体透视图，可以清楚地表达出建筑的体积和结构关系，是画建筑效果图常用的方法。绘图步骤如下：

①已知建筑平面图、画面 PP、立点 SP 的位置，过站点 SP 作建筑左右两墙的平行线，交画面 PP 于 V_x 和 V_y 点，得到两消失点的参考点。在画面 PP 上量取 $V_xM_x=V_xSP$，量取 $V_yM_y=V_ySP$，得到测点 M_x、M_y 的参考点。

②在平面图下方绘制基线 GL、视平线 HL，并将平面图中的 V_x 和 V_y 参考点引入透视图中，得到 v_x 和 v_y 两个消失点。将 M_x 和 M_y 参考点引入到透视图中，得到 m_x 和 m_y 两个测点。

③在透视图中，绘制建筑的真高 OH，根据透视规律，分别连接 v_y 和 v_x 消失点，得到建筑的全透视。

④在基线 GL 上量取 Oa 长等于平面图中的 AD 长，连接 m_ya 交 Ov_y 于 c 点，即是建筑右墙宽度的透视位置。在基线 GL 上量取 Ob 长等于平面图中的 AB 长，连接 m_xb 交 Ov_x 于 d 点，即是建筑左墙宽度的透视位置。

⑤在基线 GL 上 Oa 之间，按照建筑右墙的宽度比例得到 3、4 参考点，分别连接 m_y 与参考点，交 OV_y 于 g、h 点；在基线 GL 上 Ob 之间，按照建筑左墙的宽度比例得到 1、2 参考点，分别连接 m_x 与参考点，交 OV_x 于 e、f 点。

⑥将建筑每一层的真实高度等分标注在真高线 OH 上，根据透视规律绘制建筑的每层消失线。根据建筑的立面设计，绘制建筑透视图的细节。

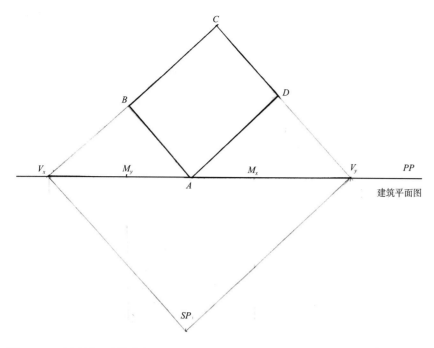

图 5.3-9　测点法画建筑成角透视图步骤（1）

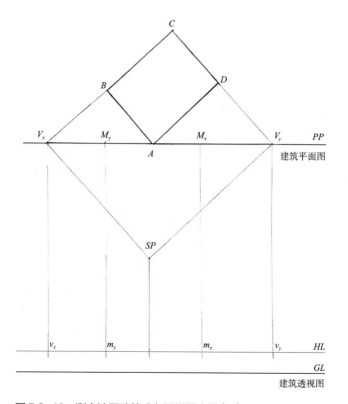

图 5.3-10　测点法画建筑成角透视图步骤（2）

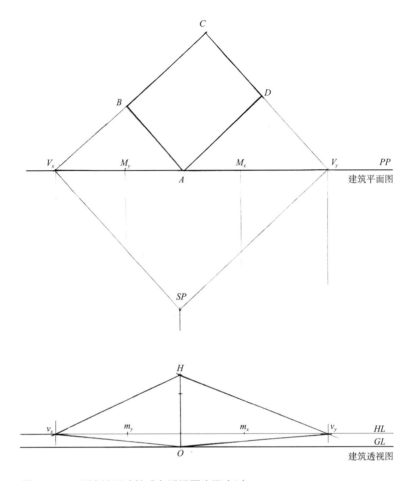

图 5.3-11　测点法画建筑成角透视图步骤（3）

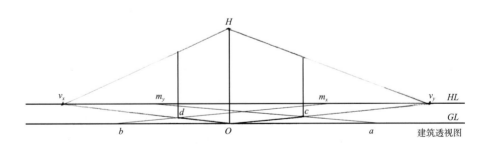

图 5.3-12　测点法画建筑成角透视图步骤（4）

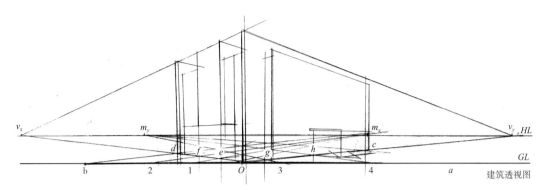

图5.3-13　测点法画建筑成角透视图步骤（5）

图5.3-14　测点法画建筑成角透视图步骤（6）

5.4　斜角透视图的识图与制图

斜角透视图中，物体的长、宽、高三组线条与画面都不平行，均构成一定的角度，三组线条分别消失于三个消失点，因此，斜角透视也称为三点透视。三点透视多用于表现超高层建筑的俯瞰图或仰视图。斜角透视可以理解为在成角透视的基础上，原本垂直于地面的线条，根据站点的位置高低，或消失于天空中的天点，或消失于地面中的地点。

斜角透视图的画法很多，这里介绍一种简单易学的高层建筑的斜角透视画法。绘图步骤如下：

①在图纸上绘制一个正圆，由圆心 O 每隔120°向圆引出三条线，和圆周交于 V_1、V_2、V_3 三个交点，也就是斜角透视的三个消失点。其中使 OV_3 连线保持铅垂，V_1V_2 连线保持水平（为 HL 视平线）。

②在 OV_2 的连线中任意取一点为 A，过 A 点作水平线，交 OV_1 于 B 点，AB 连线即为建筑的顶面对角连线。连接 AV_1 和 BV_2，作 A、B 两点的透视线，相交于 C 点，$OACB$ 即为建筑的透视顶面。

③连接 AV_3 和 BV_3，并在 OV_3 上确定一点 D，使 OD 长度等于建筑的高度，作 D 点的透视线，连接 DV_2 和 DV_1，分别交 AV_3 和 BV_3 于 E 和 F 点，得到建筑的两个侧立面。

④根据测点法，过 O 点作水平线。根据建筑左右立面的比例，确定实际距离 1、3、5、7、9 和 2、4、6、8、10 的位置，在 HL 线上确定测点 M，连接 M 与各个实际距离点，交 OV_1 和 OV_2 于 a、b、c、d、e、f、g、h、i、j 各透视位置。同理绘制出建筑各层的高度点。

⑤根据透视的规律，按照建筑立面的样式，绘制建筑斜角透视的结构细节。

图 5.4-1　斜角透视图

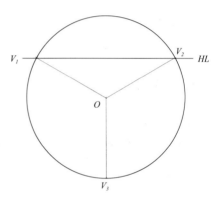

图 5.4-2　斜角透视图步骤（1）

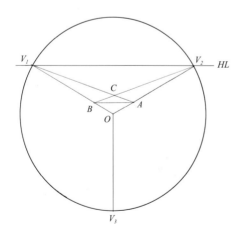

图 5.4-3　斜角透视图步骤（2）

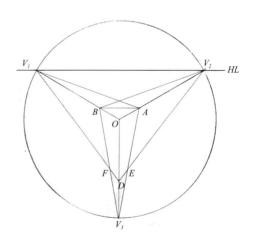

图 5.4-4　斜角透视图步骤（3）

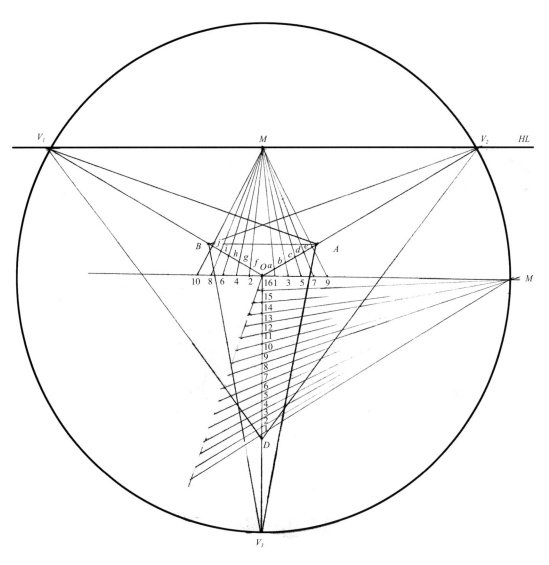

图 5.4-5 斜角透视图步骤（4）

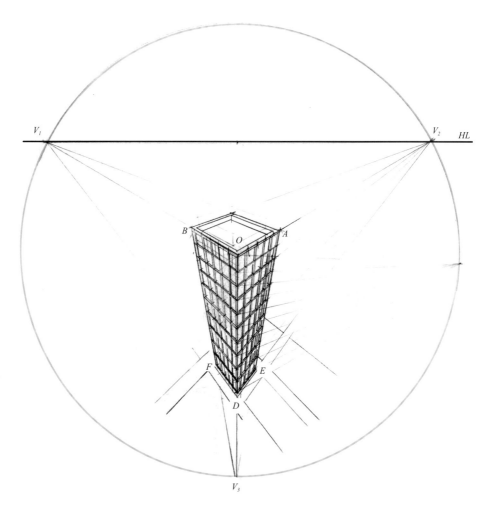

图 5.4-6 斜角透视图图步骤（5）

作业练习一

1.临摹教材中的室内平行透视图，掌握室内平行透视的画法。

2.临摹教材中的室内成角透视图，掌握室内成角透视的画法。

3.临摹教材中的建筑成角透视图，掌握建筑成角透视的画法。

4.临摹教材中的建筑斜角透视图，掌握建筑斜角透视的画法。

5.5 透视与效果图的表现

5.5.1 透视与比例

在绘制环境设计效果图时，由于透视的缘故，现实中相等大小和高低的物体，在透视图中产生了近大远小、近高远低、近疏远密的变化，这些透视引起的变化，也影响着环境空间和建筑物体的比例关系。比如，室内左右两个墙面的大小比例，在透视图中就是由透视角度来决定的。同时也决定了依附于这两面墙体上的所有物体的大小比例。再比如，两面墙体上间隔相等的物体，在透视图中物体的间隔变化都是按照一定的比例关系递减。物体的结构、尺寸、比例和透视关系紧密地联系在一起，透视上稍有错误，都会导致环境空间或建筑物体的结构表现错误。所以，掌握好透视图画法，是画好效果图的基本要求。

图 5.5-1 透视与比例

5.5.2 透视与构图

要画出一幅好的环境设计效果图，仅仅掌握透视规律是远远不够的，除了处理好画面构图和环境空间的比例关系外，还要选择适合表现环境空间的角度。所以，一张好的效果图，画面的构图和比例在一定程度上是由透视的视角和视高等因素来决定的。

（1）透视的视角

在画透视图时，人的视野是一个以视点为顶点的 60° 圆锥体，它与画面 PP 相交，交线是以 CV 为圆心的圆。圆内的物体是正常视野内的透视图，其比例正常，没有变形。

从水平面上观察视角 60° 范围内的物体，其透视是真实正常的，而在此范围之外，物体便产生了扭曲变形。

从侧立面上观察视角 60° 范围之内的物体，如果视距合理的物体，则物体透视真实；如果视距过小，视点距离物体过近，视角超出了 60° 范围之外，则物体底边成了小于 90° 的锐角，物体便产生了扭曲变形。

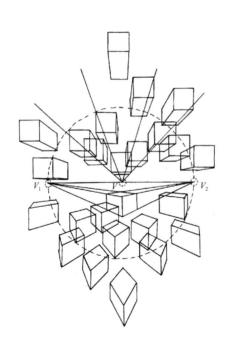 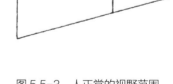

图 5.5-2　物体在不同透视角度下的结构形态　　图 5.5-3　人正常的视野范围

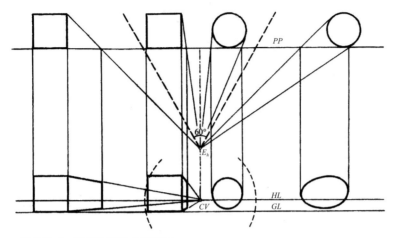

图 5.5-4　透视视野的水平范围

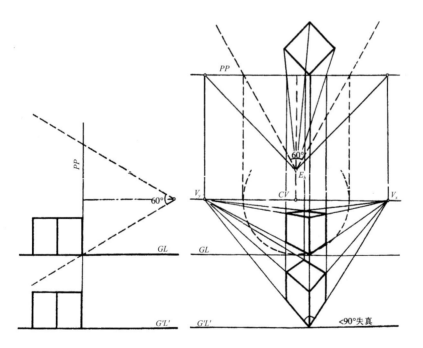

图 5.5-5　透视视野的上下范围

（2）透视的视距

如果透视画面 *PP* 和空间的位置确定，视高不变，那么视距越大，墙、顶、地面的进深越小；反之，视距越小，墙、顶、地面的进深越大。

（3）透视的视高

透视图中，在视距不变的情况下，视点的高低变化会使透视图产生仰视、平视和俯视的变化。当视平线在地平线以下时，透视为仰视。当视平线在地平线以上、物体空间高度以下时，透视为平视。当视平线在物体空间高度之上时，透视为俯视，也称鸟瞰。

（4）透视的视点

视点与空间的位置关系：当视点处于室内空间的不同位置时，视距不变，透视图中的各个墙面的大小比例关系会随之而变。

所以在绘制环境设计透视图的时候，我们要根据平面图和立面图中的内容分布，选择合适的视角、视高来进行构图，一般将主要内容给予较大的透视进深。

在构图时还要处理好画面的平衡与稳定，比如会议室、酒店大堂等比较庄重的室内空间，可以采用平行透视来表现，以形成对称式的构图效果。而采用成角透视的构图，要注意画面的均衡，结合明暗和色彩的层次表现，使环境空间的表现更加丰富。

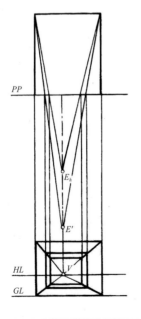

图 5.5-6 不同视距的平行透视图

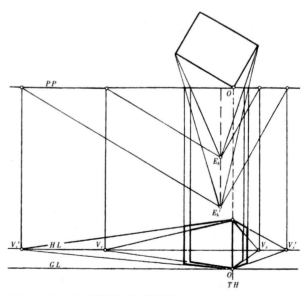

图 5.5-7 不同视距的成角透视图

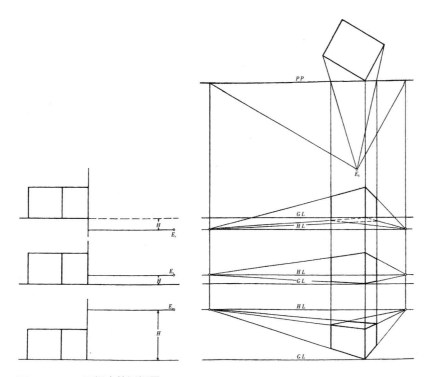

图 5.5-8　不同视高的透视图

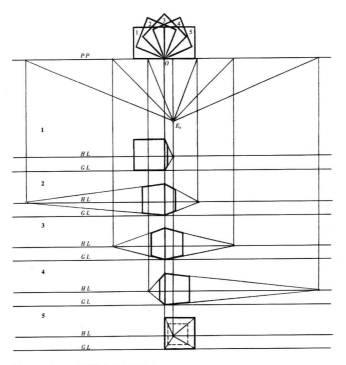

图 5.5-9　不同视点的透视图

5.6 透视图范例

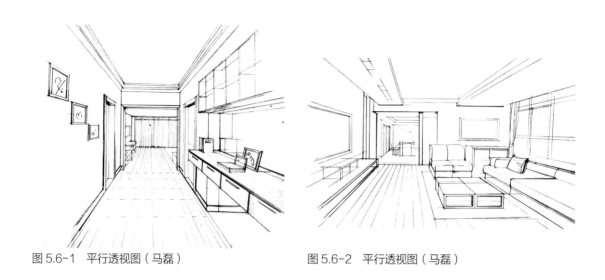

图 5.6-1 平行透视图（马磊）　　　　　图 5.6-2 平行透视图（马磊）

图 5.6-3 平行透视图（马磊）

图 5.6-4 成角透视图（马磊）

图 5.6-5 成角透视图（马磊）

图 5.6-6 成角透视图（马磊）

图 5.6-7 成角透视图

图 5.6-8　斜角透视图

图 5.6-9　斜角透视图

作业练习二

1. 根据室内平立面图，绘制室内的平行透视图和成角透视图，并刻画室内空间的结构细节。

2. 根据建筑的平立面图，绘制建筑的成角透视图，并刻画建筑的结构细节。

6 | 六

轴测图的识图与制图

轴测图是轴测投影图的简称，轴测图是一种画法简便的立体图，它将水平面投影图、正立面投影图、侧立面投影图三者表现在一个图形中，来直接反映物体三个面的立体形状。尽管轴测图不太符合人的视觉习惯，但是它具有作图简单、形成立体效果快、反映物体比例关系准确等优点，是环境设计制图中常用的表现图。

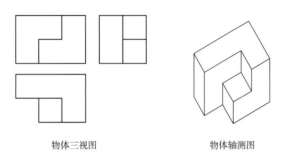

物体三视图　　　　　　　　　物体轴测图

图 6.1-1　三视图与轴测图

6.1　轴测图的基本知识

6.1.1　轴测图的形成

设立一个投影面，称为轴测投影面，将物体连同其空间位置的坐标体系，用不平行任何一个坐标轴方向的平行光线进行投影，就可以得到能够反映物体三个维度，具有立体感的投影图，这个投影图就是轴测图。

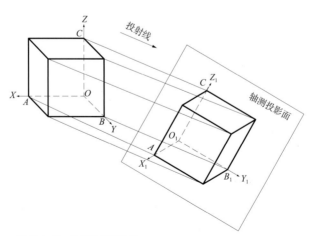

图 6.1-2　轴测图的形成

6.1.2　轴测图常用术语

轴测投影面：承载轴测投影的投影面。

轴测轴：物体的空间直角坐标系在轴测投影面上的投影。

轴间角：两个轴测轴之间的夹角。

轴向伸缩系数：轴测轴的投影长度与相对应轴的实际长度之比。其中，X轴轴向伸缩系数为p、Y轴轴向伸缩系数为q、Z轴轴向伸缩系数为r。

其中：X轴方向的变形系数 $p=O_1X_1/OX$

Y轴方向的变形系数 $q=O_1Y_1/OY$

Z轴方向的变形系数 $r=O_1Z_1/OZ$

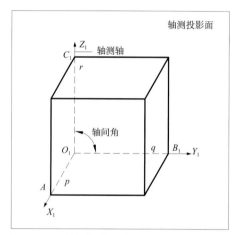

图 6.1-3　轴测图常用术语

6.1.3　轴测图的特点

由于轴测图是采用平行投影法而得到的一种投影图，因此，轴测图具备平行投影的基本特点：

①物体中相互平行的直线，其轴测投影也相互平行。

②与坐标轴相平行的线，其轴测投影的伸缩系数与该坐标轴的轴向伸缩系数一样。

③物体中与轴测投影面相平行的图形和线段，其轴测图与实际物体相同，不产生轴向系数变化。

6.1.4　轴测图的分类

按照投影方向与轴测投影面所形成的不同角度，轴测图分为正轴测图与斜轴测图两种。根据轴向伸缩系数的不同，正轴测图又分为正等轴测图、正二轴测图、正三轴测图。正等轴测图中三个轴向伸缩系数都相等；正二轴测图X_1轴与Z_1轴的伸缩系数相等，且为Y_1轴伸缩系数的两倍；正三轴测图的三个轴向伸缩系数都不相等。

斜轴测图分为两种：水平斜轴测图和正面斜轴测图。水平斜轴测图三个轴向伸缩系数都相等；正面斜轴测图 X_1 轴与 Z_1 轴的伸缩系数相等，且为 Y_1 轴伸缩系数的两倍。

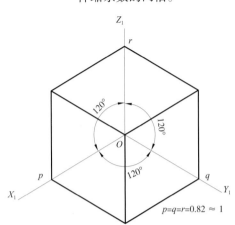

图 6.1-4　正等轴测图

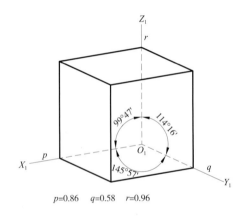

图 6.1-6　正三轴测图

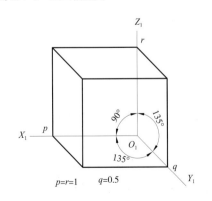

图 6.1-8　正面斜轴测图

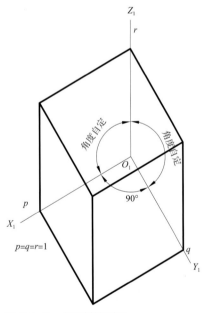

图 6.1-7　水平斜轴测图

6.2 正等轴测图的识图与制图

当物体的三个坐标轴与轴测投影面的倾斜角度都相同时，物体在轴测投影面上的正轴测投影为正等轴测图。

6.2.1 正等轴测图的识图特点

在正等轴测图中三个轴与轴测投影面的夹角都相同，正等轴测图中三个轴的变形系数也都相等。根据计算，这三个变形系数都是 0.82。制图中为了作图方便，一般把变形系数取值为"1"，称为简化系数。

正等轴测图中的三个轴间角都为 120°。作图时规定 OZ 轴的轴测轴垂直，OX 的轴测轴为 OZ 的轴测轴逆时针旋转 120°，OY 的轴测轴为 OZ 的轴测轴顺时针旋转 120°。

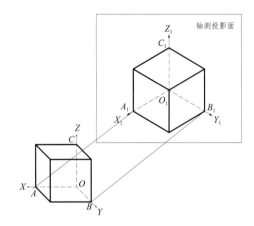

图 6.2-1 正等轴测图的形成

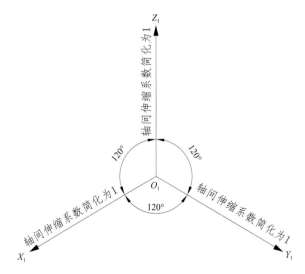

图 6.2-2 正等轴测图的特点

6.2.2 正等轴测图的制图法及步骤

（1）坐标法

在物体的三视图中沿着坐标轴，量取物体关键点的坐标值，然后在轴测图中的轴测轴上确定各关键点的轴测投影位置，再将各关键点连线，得到物体的正等轴测图。绘图步骤如下：

①绘制正等轴测轴，使轴间角各为120°，并且使O_1Z_1轴的轴测轴垂直，O_1X_1的轴测轴为O_1Z_1的轴测轴逆时针旋转120°，O_1Y_1的轴测轴为O_1Z_1的轴测轴顺时针旋转120°。

②确定轴向伸缩系数，在轴测轴上量取相应的长度，分别找出六边形的六个顶点的坐标并连线。

③根据三视图中物体的高，分别在各顶点处画上高度。

④连接上面六边形的顶点。

⑤擦去被遮挡的部分线条，完成物体正等轴测图的绘制。

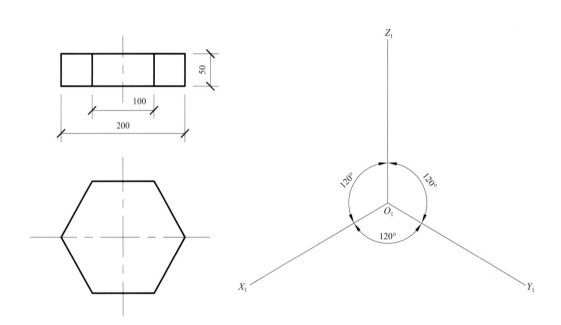

图 6.2-3　物体正投影图　　　　　图 6.2-4　坐标法绘图步骤（1）

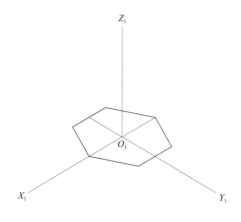

图 6.2-5　坐标法绘图步骤（2）

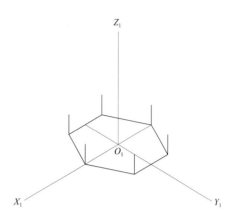

图 6.2-6　坐标法绘图步骤（3）

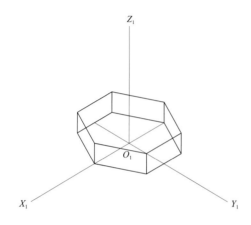

图 6.2-7　坐标法绘图步骤（4）

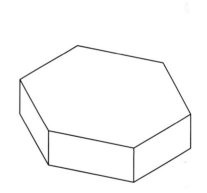

图 6.2-8　坐标法绘图步骤（5）

（2）叠加法

叠加法针对叠加式的物体，即将叠加式的物体分解为若干个基本几何体，再按照其相对位置，逐个绘制轴测图，最后形成物体的正等轴测图。绘图步骤如下：

①按照坐标法在轴测图中绘制物体的底座。

②在底座上画出新的轴测轴。

③运用坐标法在新的轴测轴绘制上面物体的轴测图。

④擦去被遮挡的部分线条，完成物体正等轴测图的绘制。

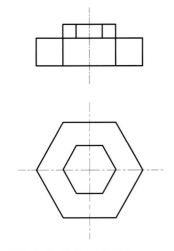

图 6.2-9　物体正投影图

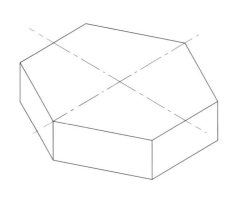

图 6.2-10　叠加法绘图步骤（1）

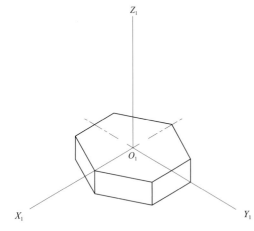

图 6.2-11　叠加法绘图步骤（2）

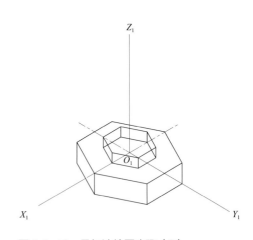

图 6.2-12　叠加法绘图步骤（3）

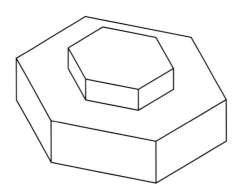

图 6.2-13　叠加法绘图步骤（4）

（3）切割法

切割法适用于有孔洞的物体。作图时，先画出基本体的轴测图，然后再画出被切去部分的轴测图，最后形成物体的正等轴测图。绘图步骤如下：

①按坐标法绘制基本体，并在其上绘制新的轴测轴，画上被切去部分的截面。

②根据三视图中孔洞的深度，绘制被切去部分的深度，连接孔洞中被切去部分的平面。

③擦去被遮挡的部分线条，完成物体正等轴测图的绘制。

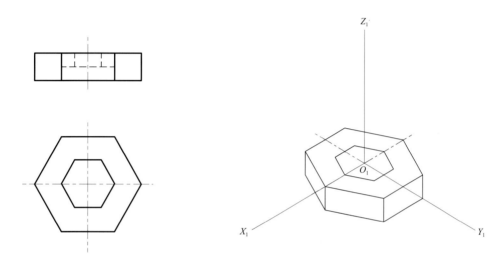

图 6.2-14　物体正投影图　　　　　图 6.2-15　切割法绘图步骤（1）

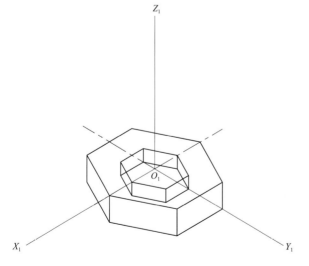

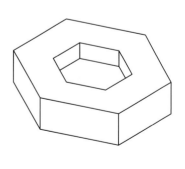

图 6.2-16　切割法绘图步骤（2）　　　　图 6.2-17　切割法绘图步骤（3）

（4）圆的正等轴测图画法

在正等轴测图中，轴测轴投影面的位置都是倾斜的，为了方便作图，我们采用近似椭圆画法来绘制正等轴测图。绘图步骤如下：

①据坐标法，绘制圆外切正方形的正等轴测图 $1'$、$2'$、$3'$、$4'$，并找出切点 a'、b'、c'、d'。

②以 $1'$ 为圆心，$c'1'$ 为半径作圆弧 $c'b'$；再以 $3'$ 为圆心，$a'3'$ 为半径作圆弧 $a'd'$。

③连接 a'、$3'$，并连接 c'、$1'$，交点为 e'；再以 e' 为圆心，$e'c'$ 为半径绘制圆弧 $c'a'$。用同样的方法绘制圆弧 $b'd'$，完成圆的正等轴测图的绘制。

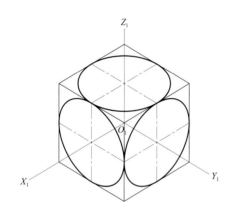

图 6.2-18　平行于坐标面的圆的正等轴测图

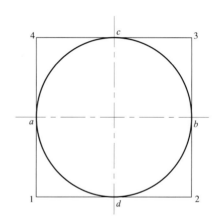

图 6.2-19　圆与外切正方形示意图

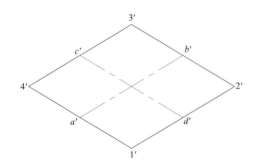

图 6.2-20　圆的正等轴测图绘图步骤（1）

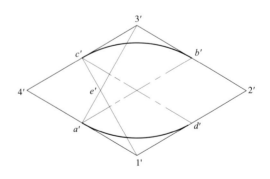

图 6.2-21　圆的正等轴测图绘图步骤（2）

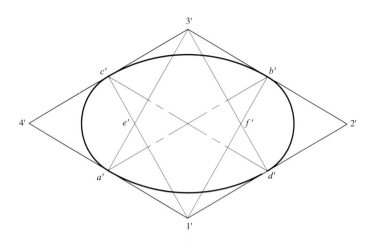

图 6.2-22　圆的正等轴测图绘图步骤（3）

（5）圆角的正等轴测图画法

对正等轴测图中的圆角，我们采用找圆心与半径的方法来绘制。绘图步骤如下：

①用坐标法绘制物体的轴测图，忽略圆角部分，并找出 a'、b'、c'、d' 四点。

②在轴测图上以 a'、b'、c'、d' 四点为垂足，分别绘制垂直线，交点分别为 O_1 和 O_3。

③过 O_1、O_3 两点，分别作出物体高度线，得到 O_2、O_4 两点。以 O_1 为圆心，O_1a' 为半径绘制圆弧 $a'b'$。并用同样的方法，分别以 O_2、O_3、O_4 为圆心绘制其他三段圆弧。

④作右侧两段圆弧的垂直公切线，并擦去多余线条，完成正等轴测图的绘制。

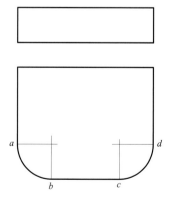

图 6.2-23　物体正投影图（其中 a、b、c、d 四点为圆弧与直线的交点）

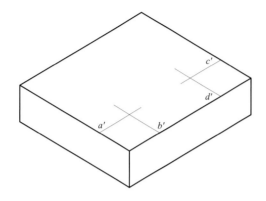

图 6.2-24　圆角的正等轴测图绘图步骤（1）

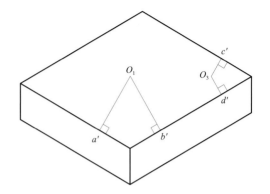

图 6.2-25　圆角的正等轴测图绘图步骤（2）

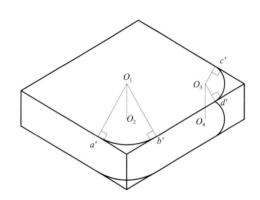

图 6.2-26　圆角的正等轴测图绘图步骤（3）

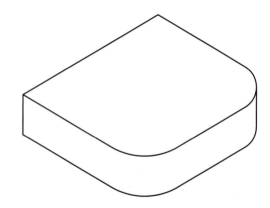

图 6.2-27　圆角的正等轴测图绘图步骤（4）

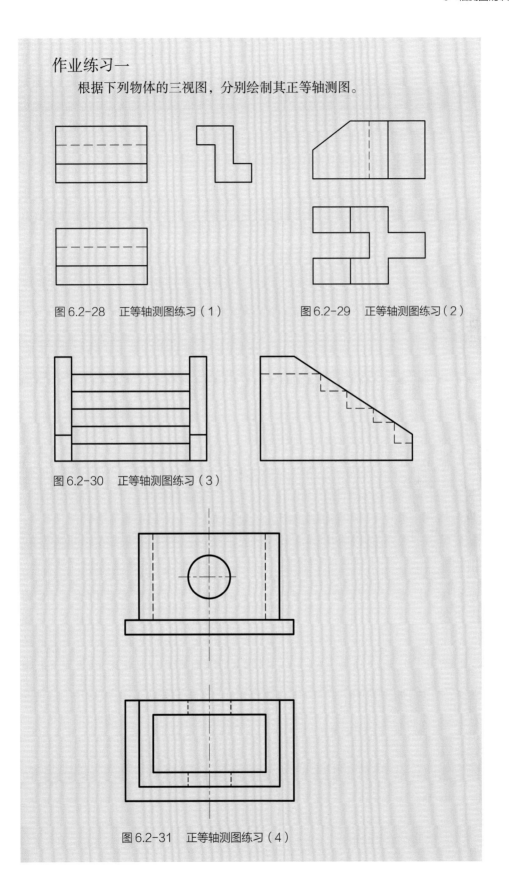

作业练习一

根据下列物体的三视图，分别绘制其正等轴测图。

图 6.2-28　正等轴测图练习（1）　　　图 6.2-29　正等轴测图练习（2）

图 6.2-30　正等轴测图练习（3）

图 6.2-31　正等轴测图练习（4）

6.3　水平斜轴测图的识图与制图

当平行光线倾斜于物体，投射到轴测投影面上而形成的投影图，称为斜轴测投影图。其中，如果物体的水平面平行于轴测投影面，那么得到的轴测图称为水平斜轴测图。

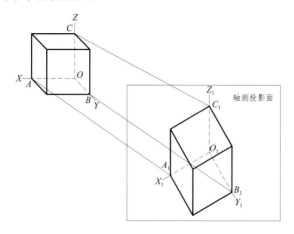

图 6.3-1　水平斜轴测图的形成（物体的水平面平行于轴测投影面）

6.3.1　水平斜轴测图的识图特点

水平斜轴测图的最大特点是物体的水平面与轴测投影面平行，物体水平面的轴测投影反映物体实际的形状与大小，所以常用在环境设计表现中。水平斜轴测图中，X_1Y_1 的轴间角为 90°，Z_1 轴为垂直，X_1Z_1 轴间角一般自定。

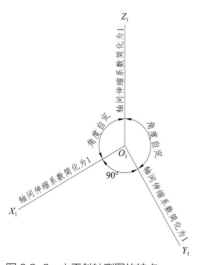

图 6.3-2　水平斜轴测图的特点

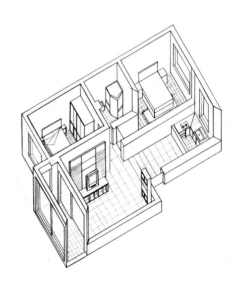

图 6.3-3　室内水平斜轴测图

6.3.2　水平斜轴测图的制图步骤

①绘制水平斜轴测轴，使 X_1Y_1 轴间角为 $90°$，Z_1 轴垂直，X_1Z_1 轴间角为 $120°$。

②用坐标法将物体的水平面绘制在轴测图上。由于物体的水平面平行于轴测投影面，不产生轴向变化，所以反映物体实际大小和形状。

③加上物体的高度线，完成物体基座的绘制。

④用切割法绘制物体的两个空洞。

⑤擦去被遮挡的部分线条，完成物体的水平斜轴测图的绘制。

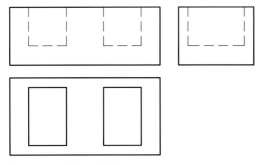

图 6.3-4　物体三视图

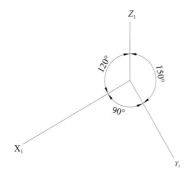

图 6.3-5　水平斜轴测图
的绘图步骤（1）

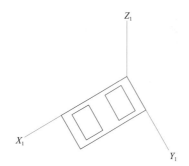

图 6.3-6　水平斜轴测图
的绘图步骤（2）

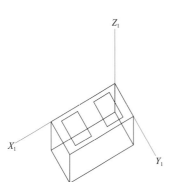

图 6.3-7　水平斜轴测图
的绘图步骤（3）

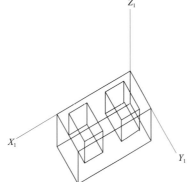

图 6.3-8　水平斜轴测图
的绘图步骤（4）

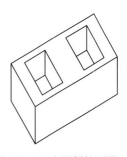

图 6.3-9　水平斜轴测图
的绘图步骤（5）

作业练习二

依据下面的室内平面图，绘制该建筑的水平斜轴测图（墙高 2.7 m，门高 2.1 m，上窗台高 2.4 m，下窗台高 0.9 m）。

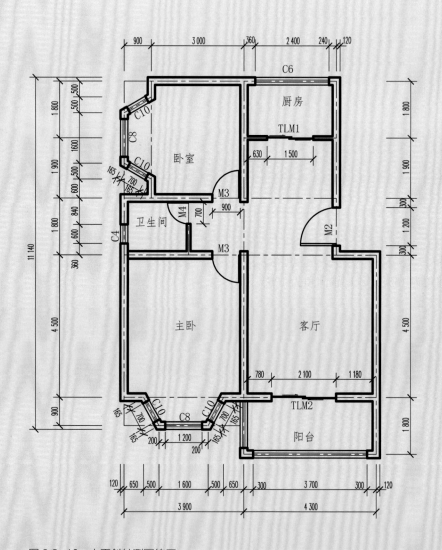

图 6.3-10　水平斜轴测图练习

6.4 正面斜轴测图的识图与制图

当平行光线倾斜于物体，投射到轴测投影面上，形成斜轴测投影图。其中，如果物体的正立面平行于轴测投影面，这样所得到的斜轴测图，称为正面斜轴测图。正面斜轴测图中 X 轴与 Z 轴的伸缩系数一致，且与 Y 轴伸缩系数不同。

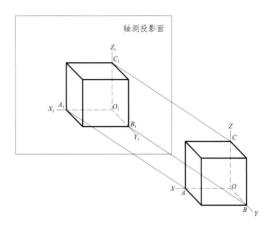

图 6.4-1　正面斜轴测图的形成（物体的正立面平行于轴测投影面）

6.4.1　正面斜轴测图的识图特点

正面斜轴测图的最大特点是物体的正立面与投影面平行，其正立面的轴侧投影反映实际物体形状与大小。

在正面斜轴测图中，X_1 轴与 Z_1 轴的伸缩系数为 1，Y_1 轴的伸缩系数为 0.5。Z_1 轴为垂直，X_1Z_1 的轴间角为 90°，X_1Y_1 轴间角为 135°，Z_1Y_1 轴间角为 135°。

6.4.2　正面斜轴测图的制图步骤

① 绘制正面斜轴测图的轴测轴。

② 绘制物体的正立面投影。

③ Y_1 轴上绘制出物体的宽度。注意物体的宽度要乘以 Y_1 轴的伸缩系数 0.5。

④ 根据切割法，绘制中间的凹槽。

⑤ 擦去被遮挡的部分线条，完成正面斜轴测图的绘制。

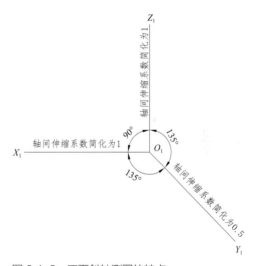

图 6.4-2　正面斜轴测图的特点

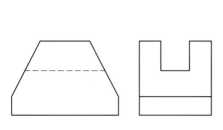

图 6.4-3　物体正投影图

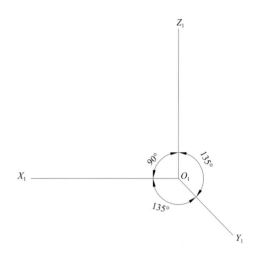

图 6.4-4　正面斜轴测图的绘图步骤（1）

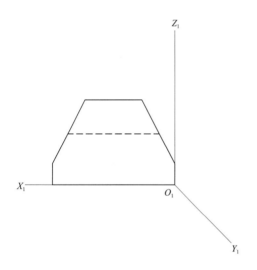

图 6.4-5　正面斜轴测图的绘图步骤（2）

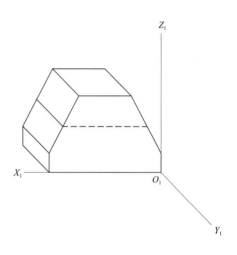

图 6.4-6　正面斜轴测图的绘图步骤（3）

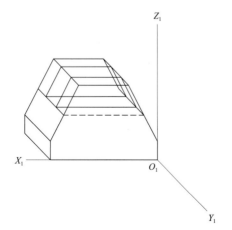

图 6.4-7　正面斜轴测图的绘图步骤（4）

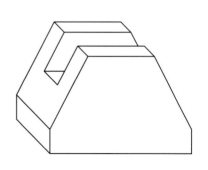

图 6.4-8　正面斜轴测图的绘图步骤（5）

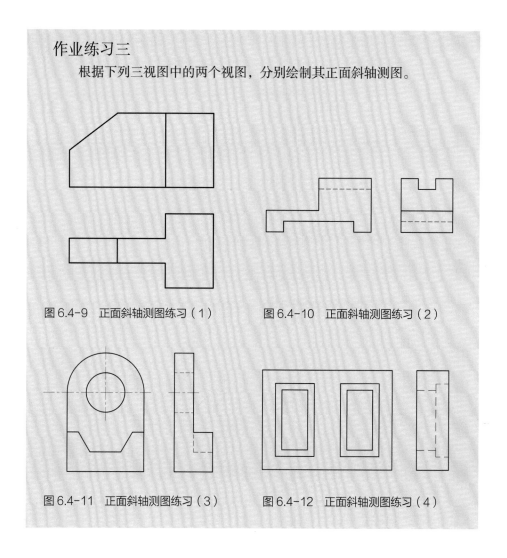

作业练习三
　　根据下列三视图中的两个视图，分别绘制其正面斜轴测图。

图 6.4-9　正面斜轴测图练习（1）

图 6.4-10　正面斜轴测图练习（2）

图 6.4-11　正面斜轴测图练习（3）

图 6.4-12　正面斜轴测图练习（4）